Joachim Schulz

Sichtbeton-Mängel

Joachim Schulz

Sichtbeton-Mängel

Gutachterliche Einstufung, Mängelbeseitigung,
Betoninstandsetzung und Betonkosmetik

3., überarbeitete und erweiterte Auflage

PRAXIS

Bibliografische Information der Deutschen Nationalbibliothek
Die Deutsche Nationalbibliothek verzeichnet diese Publikation in der
Deutschen Nationalbibliografie; detaillierte bibliografische Daten sind im Internet über
<http://dnb.d-nb.de> abrufbar.

Kontaktadresse:

Dipl.-Ing. Joachim Schulz
ö.b.u.v. Sachverständiger der IHK zu Berlin
für Sichtbeton und Betoninstandsetzung
Ulmenallee 53
14050 Berlin

E-Mail: info@sichtbeton-mängel.de
Internet: www.sichtbeton-mängel.de

Die 1. Auflage des Werkes erschien unter dem Titel *Betonflächen Mängelfibel* im Bauverlag, Wiesbaden und Berlin, bearbeitet von Jürgen Schmidt-Mosbach (†).

1. Auflage 1986
2. Auflage 2004
3., überarbeitete und erweiterte Auflage 2011

Alle Rechte vorbehalten
© Vieweg+Teubner Verlag | Springer Fachmedien Wiesbaden GmbH 2011

Lektorat: Karina Danulat I Sabine Koch

Vieweg+Teubner Verlag ist eine Marke von Springer Fachmedien.
Springer Fachmedien ist Teil der Fachverlagsgruppe Springer Science+Business Media.
www.viewegteubner.de

Umschlaggestaltung: KünkelLopka Medienentwicklung, Heidelberg
Satz und Layout: Annette Prenzer
Druck und buchbinderische Verarbeitung: MercedesDruck, Berlin
Gedruckt auf säurefreiem und chlorfrei gebleichtem Papier
Printed in Germany

ISBN 978-3-8348-1401-2

Vorwort zur 3. Auflage

Bereits 1960, d. h. vor mehr als 50 Jahren, publizierte der Sachverständige Raimund Probst einen Artikel **„Sichtbeton – eine Modetorheit"** mit dem Ziel, zum VORdenken zu provozieren. *)

Noch heute, obwohl Sichtbeton schon seit vielen Jahren ein beliebtes Gestaltungs- und zugleich Bauelement darstellt, zeigen immer wieder neue Schadensfälle und zahlreiche optische Negativbeispiele eine Unkenntnis in der Handhabung und Verarbeitung des Baustoffes Beton. Auch der Unterschied zwischen Sichtbeton und sichtbarem Beton scheint in vielen Fällen unklar zu sein.

Es gibt Architekten-Kollegen, die anscheinend lieber bunte Bilder malen und über Farben diskutieren, statt den ausführenden Firmen Details zur Verfügung zu stellen. Sie verwechseln Bauwerke mit Bühnenbildern. Es ist Aufgabe des Architekten, **alle** Erkenntnisse zu beschreiben, sei es mit Worten (im Leistungsverzeichnis) oder anhand von Zeichnungen. Ausführungszeichnungen müssen **alle** für die Ausführung bestimmten Einzelangaben – unter Berücksichtigung der Beiträge anderer an der Planung fachlich Beteiligter – enthalten (d. h. auch Materialangaben, Materialstärke usw.). Diese dienen als Grundlage der Leistungsbeschreibung und Ausführung der baulichen Leistungen.

Aufgrund relativ kurzer Planungszeit wird häufig auf Ausführungsdetails verzichtet. Deren Lösung wird dem örtlichen Bauleiter überlassen, der damit oftmals überfordert ist. Der Architekt kann sich bei einem Baumangel nicht herausreden, *„die Firma hätte ja Bedenken anmelden müssen ...".* Wogegen hätte die Firma Bedenken anmelden müssen, wenn keine Details vorlagen?

Wenn im Rahmen der Planungspflichten entscheidend wichtige Detailpunkte gar nicht dargestellt werden – wie im Fall einer sogenannten „Nullplanung" – ist bei Eintritt eines Schadens im direkten Zusammenhang mit dieser Detaillösung von einem Planungsfehler auszugehen.

Fehler sowie lückenhafte Planungsunterlagen und Leistungsbeschreibungen sind an der Tagesordnung. Die fehlerhafte Planung wird Vertragsbestandteil für den Auftragnehmer. Zur Verhinderung eines daraus resultierenden Ausführungsfehlers sind Bedenkenanmeldungen und Nachträge des Auftragnehmers erforderlich.

Es gibt in der VOB/ C 63 Gewerke, von den Erd- bis zu den Gerüstarbeiten.

All diese Gewerke muss der Architekt oder der planende Ingenieur eindeutig und erschöpfend durchdenken, ausschreiben und überwachen. Damit ist er häufig überfordert. Planungs- und Ausführungsfehler sind daher vorprogrammiert.

Dieses Buch soll auch weiterhin als Arbeitsmedium der Baupraxis dienen. Daher war eine Aktualisierung erforderlich. Neu gewonnene Erkenntnisse und Erfahrungen aus der Praxis sowie geänderte DIN-Normen und u. a. das DBV-Merkblatt „Sichtbeton" werden in das überarbeitete und erweiterte Buch mit einfließen.

Berlin, im Januar 2011   Dipl.-Ing. Joachim Schulz

*) VORdenken ist besser als NACHdenken im Zuge teurer Mängelbeseitigung!

Vorwort zur 1. Auflage 1987

Sichtbeton – ein Gestaltungselement unseres Jahrhunderts

Beton und Stahlbeton sind Baustoffe unseres Jahrhunderts und tragen mit ihrer Flächengestaltung vielfach zur zeitgemäßen Architektur bei. Mehr noch als im technisch funktionellen Bereich, z. B. im Innenausbau, fordern sie nicht nur eine fach- und materialgerechte Planung und Verarbeitung, sondern für den sog. Sichtbeton auch die Wahl einer für die Gestaltung angemessenen Schalung. Dabei spielt es weniger eine Rolle, ob die Fläche glatt, rau, planeben oder profiliert ist, sondern sie muss einerseits zur Architektur passen und andererseits gegen die Umweltverschmutzung geschützt werden. Eine solche Maßnahme, welche mit Rücksicht auf den jungen Beton möglichst „atmungsaktiv" sein sollte, kann farblich deckend oder transparent imprägnierend oder lasierend sein, muss aber für alle Fälle fachgerecht sein und sollte dem strukturellen Charakter der Betonfläche gerecht werden. Sie sollte „Mittel zum Zweck" und nicht Selbstzweck sein. Das Bild* zeigt, wie sich die Gestaltung einer Betonfläche mit serienmäßig gefertigten Elementen vorherbestimmen lässt.

Bei diesem Objekt – ein Krankenhaus mit Sichtbetonfassade – basierte der Entwurf und seine Ausschreibung auf fundiertem betontechnologischen Wissen. Die Fertigung wurde unter Einbehaltung aller normgerechten Erkenntnisse, insbesondere einer auf das Größtkorn bezogenen Bewehrungsüberdeckung, sichergestellt. Zum Abschluss wurden sämtliche Oberflächen mit „Betonschutz" versehen, d. h. auf Silikonbasis hydrophobiert. Zum Zeitpunkt der Aufnahme war dieses Bauwerk bereits ca. zehn Jahre alt und erschien, was die Fassade anbetraf, wie neu. Ein gutes Beispiel für eine Übereinstimmung von Theorie und Praxis.

Klammert man den Bereich der vorrangig technischen Überarbeitung älterer Stahlbetonobjekte einmal aus – deren Schäden weitgehend auf Korrosion der Bewehrung beruhen und die mehr oder weniger einheitliche Reparatur-Systeme haben – so dominieren in diesem Buch die Mängel an Neubauten. Diese bedürfen im Rahmen anstehender Gewährleistung einerseits einer materialgerechten Ursachenermittlung, nicht zuletzt wegen anzustrebender Vorbeugungsmöglichkeiten, um andererseits die Konsequenz der Überarbeitung anzuzeigen, mit welcher das laut Leistungsbeschrieb geforderte Flächenergebnis zu erreichen ist, um schließlich der Gefahr einer belasteten Wertminderung vorbeugen zu können. Es ist also ein Buch für Planung und Praxis, wobei die gutachtliche Beurteilung in der Mängeleinstufung inbegriffen ist und die Illustration den Bauherrn den Fehlergrad erkennen lässt. Zusammengefasst soll dieses Fachbuch helfen, Planungen und Ausschreibungen fachgerechter abzufassen, um Fehler zu vermeiden und vorhandene Flächenmängel materialgerecht auszubessern.

Das Buch ist das Ergebnis einer mehr als 30jährigen Praxis, davon etwa 20 Jahre als „vereidigter Sachverständiger" für den Bereich „Betonfläche und Schalungshaut".

Jürgen Schmidt-Morsbach

* In der zweiten Auflage werden neue Abbildungen mit ähnlichen Schadensbildern verwendet.

Inhaltsverzeichnis

Grundlagen

DIN-VORSCHRIFTEN

Bis heute gibt es **keine** DIN-Vorschrift, die ausdrücklich die Herstellung von Sichtbeton behandelt bzw. definiert!
Auch die Beton-Normen (z. B. DIN 1045, DIN 18 217, DIN 18 331 usw.) enthalten keine eindeutigen Sichtbeton-Aussagen.

*„Die DIN-Normen sind keine Rechtsnormen, sondern private technische Regelungen mit **Empfehlungscharakter**. Sie können die anerkannten Regeln der Technik wiedergeben oder hinter diesen zurückbleiben.“*
BGH Urteil vom 14.05.1998, VII ZR 184/97

*„Zwar kann den DIN-Normen einerseits Sachverstand und Verantwortlichkeit für das allgemeine Wohl nicht abgesprochen werden, andererseits darf aber nicht verkannt werden, dass es sich dabei zumindest auch um Vereinbarungen **interessierter Kreise** handelt, die eine bestimmte Einflussnahme auf das Marktgeschehen bezwecken.*

Den Anforderungen, die etwa an die Neutralität und Unvoreingenommenheit gerichtlicher Sachverständiger zu stellen sind, genügen sie deswegen nicht.“
Auszug aus: „Meersburg Urteil“, Az. 4 C-33-35/83

DIN 820-2: 2000-1 „Normungsarbeit"

Bauleistungen, **insbesondere Sichtbeton**, sind „eindeutig und so erschöpfend“ zu beschreiben, dass alle Bewerber die Leistungsbeschreibung im gleichen Sinne verstehen und ihre Preise sicher und ohne umfangreiche Vorarbeiten berechnen können. Eine eindeutige Aussage über zu erbringende Leistungen muss im Sinn der nachfolgenden modalen Hilfsverben erfolgen.

Die modalen Hilfsverben **„müssen“**, **„dürfen“** und **„sollen“** drücken aus, ob eine Aussage in einer DIN-Norm, einem Merkblatt usw. als Gebot, Verbot, Empfehlung oder Erlaubnis zu verstehen ist.

Kriterium für die Auswahl der modalen Hilfsverben ist somit der Grad der Verbindlichkeit, den eine Aussage haben soll.

Den höchsten Grad der Verbindlichkeit haben Anforderungen. Sie **„müssen"** unbedingt eingehalten werden und lassen keine Abweichungen zu.

Neben Anforderungen enthalten Normen auch Empfehlungen (z. B. **„sollte“**), die von mehreren Möglichkeiten eine als besonders zweckmäßig empfehlen, ohne jedoch andere Möglichkeiten auszuschließen.

Für Aussagen, die eine Erlaubnis zum Ausdruck bringen und die Wahl einer gleichwertigen Handlungsweise zulassen, sind „dürfen“ bzw. „sollen nicht“ anzuwenden.

Zur Angabe von Möglichkeiten sind anzuwenden „können“ und „können nicht“.

„Einzelkriterien" typische Beanstandungen

Ausschlussverfahren: Methode, nach der man etwas aussucht, indem man ungeeignet erscheinende (z. B. Fehlerursachen) Möglichkeiten eliminiert.

	Stichwort	Foto	Vermutliche Ursache
1	Farbton-Abweichungen: Hell-Dunkel „Farbtongleich-mäßigkeit" „Grauton"		Zusammensetzung des Betons (Betonrezeptur), Wechselwirkung mit Trennmittel, Schalhaut, ggf. witterungsbedingt
2	Poren Lunker „Porigkeit"		– Luft- und Wassereinschlüsse an dichter, glatter Schalung. – Zu hohe Einfüllhöhe, schlecht verdichtet („Rüttler").
3	Ausblutung Blutungen Bluten (hier: Wand/Ecke) „Textur"		– Undichter Schalelementstoß – Herauslaufende Zement-schlämme **Achtung:** zulässig (*) bis SB2: 10 mm Breite SB3: 10 mm Breite SB4: 3 mm Breite
4	Rostspuren (hier: Decke) „Farbtongleich-mäßigkeit"		– Partikelrost der Bewehrung – Rest des Bindedrahtes – Abtropfrost nach Regen

	Stichwort	Foto	Vermutliche Ursache
5	Kiesnester (hier Unterzug) „Textur"		– Undichte Schalung (nicht abgedichtet) – Auslaufen des Zementleimes – Zu enge/viel Bewehrung **Achtung:** zulässig (*) bis SB2: 10 mm Breite SB3: 10 mm Breite SB4: 3 mm Breite
6	Schüttlagen (hier Wand) „Textur"		– Zwischen unteren und oberen Betonierabschnitt zu große Zeitunterbrechung – Keine fachgerechte „Verdichtung"/„Vernadelung" möglich
7	Mörtelreste Nasen „Schalhautfugen"		– undichte Schalhautfuge Wand/Decke – heraustretender Zementleim **Achtung:** zulässig (*) bis SB2: 10 mm Breite SB3: 10 mm Breite SB4: 3 mm Breite
8	Schalungsanker Ankerlöcher „Schalhautfuge"	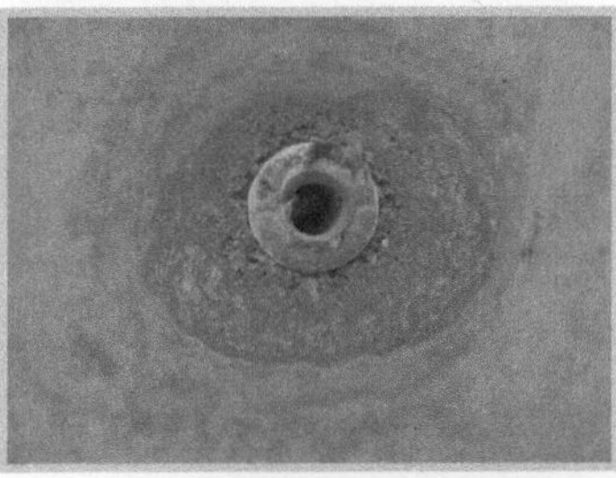	– Undichter Schalungsanker – Auslaufen des Zementleimes – Feinstzementanreicherung dunklere Verfärbung
9	Versatz Schalelementstöße „Ebenheit" „Schalhautfuge"		– Toleranzen zwischen unterer und oberer Schalung **Achtung:** Versatz zulässig (*) bis SB2: 10 mm SB3: 5 mm SB4: 5 mm

	Stichwort	Foto	Vermutliche Ursache
10	Ausblühungen an Decke, Nähe freie Stirnseite „Farbtongleichmäßigkeit"		„Helle schleierartige Verfärbungen" auf der Sichtbetonoberfläche. Mit Kalkhydrat angereichertes Wasser, das an der Oberfläche verdunkelt, wird mit der Zeit schwächer bzw. verschwindet vollständig. Ursache nachträglicher Feuchtigkeitseinwirkung auf frischen Betonflächen, sei es von innen durch austretendes Überschusswasser oder Niederschlag von außen.
11	Abzeichnung der Bewehrung „Farbtongleichmäßigkeit"		Das Berühren der Bewehrung mit dem Rüttler hat zur Folge, dass sich die Stäbe an der Oberfläche abzeichnen. Vibrationsschwingungen auf Bewehrung verursacht Ansammlung von Feinstanteilen mit dunkler Abzeichnung.
12	Schleppwassereffekt „Textur"	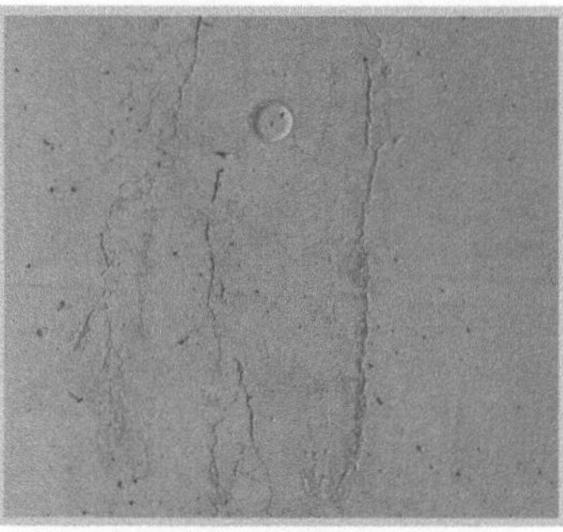	Kleinere Zement- bzw. Gesteinskörnungen, die aufgrund ihrer geringen spezifischen Gewichte nach oben „geschleppt" werden. Je höher die kontinuierliche Betoneinfüllung, desto intensiver der Trend zur sog. Schleppwasserbildung, d. h. zum Auftrieb des überschüssigen Zugabewassers unter Mitnahme von Zement- und Mehlkornbestandteilen.
13	„sichtbare" Abstandhalter „Farbtongleichmäßigkeit"		– Falsche Auswahl von Abstandhaltern – Keine geometrische Anordnung – Abhängung der Bewehrung möglich (Kosten)

	Stichwort	Foto	Vermutliche Ursache
14	Abzeichnung von z. B. Kanthölzern (Beton-Fertigteiltreppe) „Farbtongleichmäßigkeit"		– Abdruck der Lagerhölzer
15	Abzeichnung von Befestigungsmittel „Textur"		– Zu tiefe Befestigung Spiegelbild: Abzeichnung – Verspachtelung vor Ausführung möglich (Kosten)
16	Schuhabdrücke „Farbtongleichmäßigkeit"		– Verschmutzte Schuhe auf mit Trennmittel versehender Schalung – Spiegel-Abdruck
17	Arbeitsfuge Wand-Decke-Wand		– Undichte Schalungsstöße – Auslaufen des Zementleimes **Achtung:** zulässig (*) bis SB2: 10 mm Breite SB3: 10 mm Breite SB4: 3 mm Breite
18	Beton-Fehlstellen „Textur"		– Zu enge Bewehrung – Unzureichende Verdichtung

	Stichwort	Foto	Vermutliche Ursache
19	Wolkenbildungen Hell-dunkel-Verfärbungen „Farbtongleichmäßigkeit"		– Kreisförmige Sedimentation – Ungleichmäßiges Schütten/Verteilen (bei waagerechten Betonfertigteilen)
20	Grate „Textur"		– Undichter Schalelementstoß – Fehlende Fugenabdichtung **Achtung:** Grate zulässig (*) bis SB2: 5 mm Breite SB3: 5 mm Breite SB4: 3 mm Breite
21	Fehlstellen im Bereich der Schalelementstöße „Textur"		– Undichter Schalelementstoß – Unzureichende Fugenabdichtung – Auslaufen des Zementleimes **Achtung:** zulässig (*) bis SB2: 10 mm Breite SB3: 10 mm Breite SB4: 3 mm Breite
22	Poren Lunker Porigkeit		Aufgrund der oberen (schrägen) Schalung kann die eingeschlossene Luft/Wasser nicht entweichen – trotz „Einfüllstützen". Folge: Poren an der Oberseite

(*) Achtung: Teilweise „zulässig" gem. DBV-Merkblatt-Sichtbeton

---

Hinweis:
Einige Mängel werden im DBV-Merkblatt als „hinzunehmende" Unregelmäßigkeiten eingestuft, d. h., Unregelmäßigkeiten sind hinzunehmen.
Eine eindeutige Leistungsbeschreibung ist daher erforderlich!

1 Konstruktive Fehler

„Bauen ist ein Kampf mit dem Wasser" - auch beim Sichtbeton!

Wasser darf nicht „ruhen", sondern muss fließen, darum ist ein Gefälle erforderlich.

DBV-Merkblatt „Sichtbeton":

„Bei bewitterten Ansichtsflächen **muss** *eine kontrollierte Ableitung des Regenwassers geplant werden, um Schmutzfahnen auf der Betonoberfläche zu verhindern."*

Die nachfolgenden Beanstandungen sind keine abzuwiegenden, zu bagatellisierenden „hinzunehmenden Unregelmäßigkeiten". Es sind Baufehler als Ursachen für zu erwartende Bauschäden.

1.1 Feuchtebelastung – Fassade

Erscheinungsbild

Ein eingeschossiges Gebäude wurde aus Sichtbeton gebaut.

Abb. 1.1–1   Wasserfall auf Sichtbetonfassade

Die farbige Sichtbeton-Fassade sollte eine raue „gestockte" Oberfläche aufweisen. Das Dach war trichterförmig geplant, d. h., das Wasser sollte von den Längswänden in die Mitte (vertiefte Kehle) und von dort an den **Giebelwänden** herab laufen, siehe Abb. 1.1-1.

An der einen Giebelwand sollte das Wasser am Fenster vorbei in ein Auffangbecken gelangen. Nur das Wasser lief nicht vorbei, sondern auch **auf** dem Fenster herab. Die Längswände wiesen keine Attika oder Aufkantung auf, sodass auch dort das Wasser von den Wänden lief.

Es ist eine Frage der Zeit, wann die gesamte Sichtbeton-Fassade aufgrund von Moosbildung grün ist, siehe Abb. 1.1-2.

Die Klempner-Abschlussprofile sind hinter der Sichtbetonkante „versteckt". Es verbleibt eine horizontale Betonfläche, auf der sich Umweltschmutz sowie Wasser ansammeln und an der Fassade herunterlaufen. Folge: hässliche Ablaufspuren.

Abb. 1.1–2 Sichtbeton oder „be-   **Abb. 1.1–3** Längsseite: Attika
grünte" Fassade?

Gutachterliche Einstufung

Die verstärkte Feuchte- bzw. die daraus resultierende Schmutzbelastung war nicht im Interesse des Bauherren.

Die Idee, Wasser an Fassaden herabfließen zu lassen, ist nicht neu, nur darf dadurch kein Schaden entstehen.

Wasser muss „geplant" abgeführt werden!

Die Fassade hat nicht nur die technische Gebrauchsfunktion, wie Feuchte-, Wärme-, Brand-, Schallschutz, sondern auch eine optische Geltungsfunktion zu erfüllen.

Jede vermeidbare Verschmutzung oder Beeinträchtigung der Optik gilt als Planungsmangel!

Frage einer Rechtsanwältin hierzu: *„Welche technischen Regeln normieren, dass Wasser nicht über eine Außenfassade aus wasserundurchlässigem Beton geleitet werden darf?"*

Muss heutzutage alles genormt sein oder wird auch noch der Verstand benutzt?

Wasser an/auf einer „Weißen Wanne" aus WU-Beton stellt i. d. R. kein technisches Problem dar, aber an einer rauen/gestockten Oberfläche, die ständig auf der sichtbaren Oberfläche Feuchtigkeit aufweist, müssen optische „Probleme" auftreten.

Die Feuchtebelastung stellt ein erhöhtes Risiko für Korrosionsschäden und Vermoosung dar, mit der Folge: Kurzzeitintervalle von Unterhaltungsarbeiten.

Mögliche Ausführung:

1 = Edelstahlrinne in Beton eingelassen (mit Tropfkante)

2 = Glasscheibe/Fenster

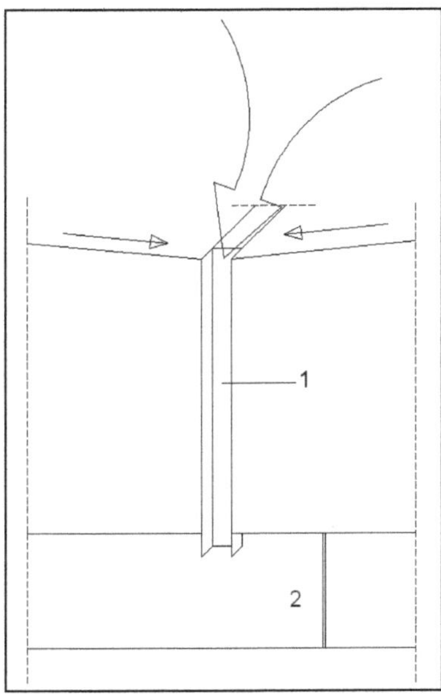

Abb. 1.1–4
Mögliche Ausführung Entwässerungsrinne

Zusammenfassung

Im Sinne von „Vordenken ist besser als Nachdenken" hätten die Fehler vermieden werden können.

Vordenken mithilfe eines Anforderungsprofils – und nicht Nachdenken im Zuge der Fehlerbeseitigung. Man hätte den Bauherren auf die zu erwartende Vermoosung hinweisen müssen.

1.2 Feuchtebelastung – Balkonbrüstung

Erscheinungsbild

Auf massiven Balkonbrüstungen ohne Gefälle läuft das Regenwasser vorne (Fassade) oder hinten (Innenseite der Brüstung) herab.

Das Gleiche passiert bei Abdeckungen ohne Gefälle, siehe Abb. 1.2-1.

Abb. 1.2–1
Abdeckbleche ohne Gefälle, mit fehlendem Überstand und ohne Tropfkanten verursachen eine unnötig hohe Feuchtebelastung des Sichtbetons.

Erhöhte Feuchtebelastung und deren Auswirkungen auf Verschmutzungen auf der Sichtbetonoberfläche.

Abb. 1.2.–2 + Abb. 1.2.–3 Betonbrüstung ohne Abdeckung und Gefälle.

Gutachterliche Einstufung

Massive Brüstungen sowie Attiken sind herausragende sichere Bauschadenträger. Sie unterliegen doppelseitigen thermischen Beanspruchungen: vorne Sonne, hinten Schatten.

Wasser darf nirgendswo liegen bleiben, deshalb ist ein Gefälle erforderlich. Andernfalls dringt Wasser verstärkt z. B. in (unvermeidliche) „Risse" ein. Folge:

Frostschäden

Wasser weist bei Frost eine bis zu 9,5% Volumenvergrößerung auf, d. h., es bildet sich ein „Eisdruck":

Temperatur -5°C   =   50 N/mm²
Temperatur -22°C = 211 N/mm²
Im Mittel   = 130 N/mm²

Zum Vergleich: Bei EFH wird zur Bemessung der Fundamente die zul. Bodenpressung mit 150 KN/m² (0,15 MN/m²) geschätzt, d. h., der Eisdruck ist ca. 870 x größer. Eine einmalige Belastung (wie beim Fundament) ist nicht so schlimm, wie die ständige Wechselwirkung (Hitze/Frost), die zu einer „Materialermüdung" und Bauschäden führt.

Überall dort, wo sich Feuchtigkeit ausbreiten kann, dies trifft auch für Horizontalflächen aufgrund „zulässiger" Maßtoleranzen zu, ist ein Gefälle erforderlich.

Fehlendes Gefälle und fehlende Tropfkanten sind als Planungsfehler einzustufen.

Abb. 1.2–4   links: (Altbau) Vorsprung mit Gefälle
rechts: Betonbrüstung ohne Abdeckung/Gefälle: erhöhte Feuchtebelastung

Warum Fachfirmen keine „Bedenken anmelden" ist nicht nachvollziehbar. Es sei denn, es liegen keine Details vor.

Fazit: Wogegen soll eine Firma „Bedenken anmelden", wenn keine Details vorliegen?

Vorbeugung

Planung eines ausreichenden Gefälles der Balkonbrüstung zur Balkoninnenseite mit erhöhter Betondeckung und/oder eine Abdeckung im Gefälle: **siehe Kapitel 1.3!**

1.3 Feuchtebelastung – Fensterbrüstung

Erscheinungsbild

Fenster liegen i. d. R mit einem Rücksprung zur Fassadenoberfläche. Die Differenz zwischen Fenster und Fassadenoberfläche wird mit Fensterbänken überbrückt, die Fassadenverschmutzungen und Feuchteschäden verhindern sollen. Das Ziel, der Wasserableitung, der meist zu flach geplanten Fensterbänke wird damit nicht erreicht.

Abb. 1.3–1   Runder Fassadenausschnitt. Wasser/Schmutz wird trichterförmig aufgefangen und konzentriert abgeleitet. Folge: erhöhte Fassadenverschmutzung

Abb. 1.3–2   Deutlich sichtbare Ablaufspuren auf der Sichtbeton–Fensterbrüstung.

In der Annahme, dass dies kein gewünschtes Ergebnis war, weisen die vorhandenen Fensterbleche einen zu geringen Überstand/Tropfkante bzw. Gefälle auf.

Abb. 1.3–3   Horizontale, waagerechte Rücksprünge in der Sichtbetonoberfläche verursachen das Anstauen von Regenwasser. Damit erhöht sich das Risiko für Korrosionsschäden sowie unkontrollierte, ablaufende Luftverschmutzung entlang der Fassade.

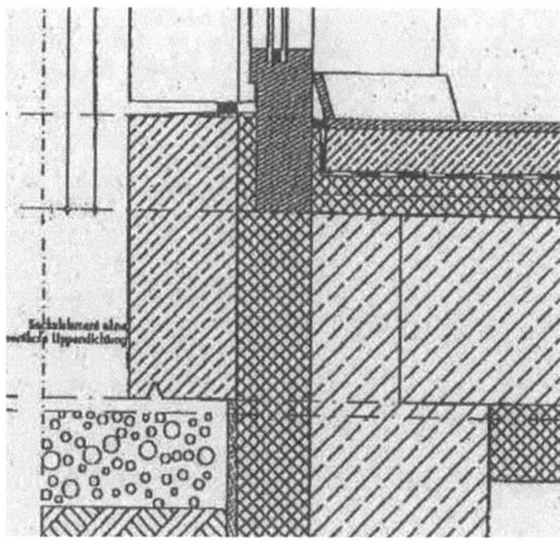

Abb. 1.3–4   zu geringes Gefälle mit Vermoosung

Abb. 1.3–5   Ein sehr gutes Detail einer Fensterbrüstung – nur zu wenig Gefälle

Abb. 1.3–6
Terrassenbrüstung: Flach geneigte Sichtbeton-Abdeckplatten – anhaftende Wassertropfen

Gutachterliche Einstufung

Die verstärkte Feuchte- bzw. daraus resultierende Schmutzbelastung kann nicht im Interesse des Bauherren sein.

Die Feuchtebelastung stellt ein erhöhtes Risiko für Korrosionsschäden dar mit der Folge: Kurzzeitintervalle von Unterhaltungsarbeiten.

Äußere Fensterbleche mit „Tropfkanten" verhindern nicht das Abtropfen auf die Fassade. Tropfkanten sind bessere Anhaftkanten.

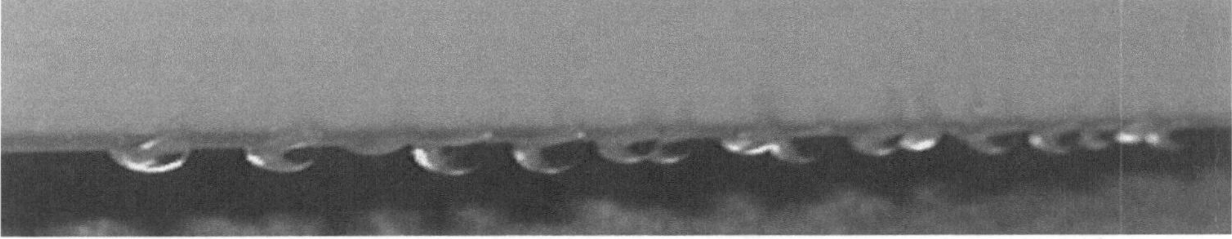

Abb. 1.3–7　　Tropfkante oder Anhaftkante?

Das Wasser tropft ca. 20–30 cm tiefer doch auf die Fassade (je nach Überstand) und reinigt dadurch die Fassade, die heller bleibt. Direkt unterhalb der Fensterbank lagert sich Schmutz ab, sodass dieser Bereich dunkler erscheint.

Egal wie viel Zentimeter Blech überstehen, je nach „aerodynamischen Querströmen" wird das „abtropfende" Regewasser doch die Fassade treffen.

„Auftreffwinkel = Reflexionswinkel" – was für die Billardkugel oder die Lichtwellen gilt, funktioniert auch bei den Regentropfen.

Vorbeugung

Der Hinweis in der Literatur „Das direkt anfallende und von den Fenstern ablaufende Niederschlagwasser muss so abgeleitet werden, dass an Fassadenflächen keine anhaltende Feuchtigkeit und Verschmutzung entsteht" funktioniert mit flach geneigten Fensterbänken nicht! Auch empfohlene Mindest-Tropfkantenüberstände von 30–40 mm verhindern das nicht.

Wasser muss fließen, d. h., die Planung eines ausreichenden Gefälles ist erforderlich.

Weitere Literatur zu diesem Thema in: „Architektur der Bauschäden" [3.7]

Abb. 1.3–8   Bei starkem Gefälle sind keine Tropfkanten erforderlich!

1.4 Feuchtebelastung – Fassadenabschluss

Erscheinungsbild

Viele Architekten (vor allem jüngere Architekten, die noch keine Erfahrung mit einer „Streitverkündung" in einem Prozess haben) planen Sichtbeton-Fassadenabschlüsse waagerecht d. h. ohne Gefälle. Folge: Schmutzablagerungen auf dem Dachrandabschluss, die beim nächsten Regen auf die Fassade verlagert werden. Vermeidbare erhöhte Fassadenverschmutzungen sind die Folge, die nicht jeder Bauherr akzeptiert.

Gutachterliche Einstufung

Im Sinne: „Das Bauen ist ein Kampf mit dem Wasser", müssen erhöhte Feuchtebelastungen und deren Auswirkungen, z. B. Verschmutzungen an der Fassade, bereits während der Planungsphase berücksichtigt werden. In diesem Stadium ist das VOR–Denken besonders wichtig, um das spätere NACH–Denken über Mängel zu vermeiden.

Abb. 1.4–1   Oberer Abschluss der Sichtbetonfassade ohne ausreichendes Gefälle oder Abdeckblech. Deutliche Ablaufspuren auf der weißen Sichtbetonfläche.

Abb.1.4–2   Sichtbeton-Wandpfeiler einer Tiefgarageneinfahrt. Die obere Betonfläche wurde ohne Gefälle ausgeführt. Deutlich sichtbare Verschmutzung sowie erhöhte Feuchtebelastung des Betons.

Zu optischen Mängeln (siehe „Geltungswert") zählen auch Fassadenverschmutzungen. Umwelt- bzw. Luftverschmutzungen sind nicht gänzlich zu vermeiden, jedoch durch konstruktive Maßnahmen, wie z. B. Abdeckungen o. ä., zu verringern.

Mit einer entsprechenden Farbwahl der Fassade bietet sich eine weitere Möglichkeit, die Fassadenverschmutzung (trotz Abdeckungen) zu minimieren. So ist z. B. eine weiße Fassade in einer stark befahrenen Straße einer Großstadt völlig ungeeignet.

Die ablaufenden Rinnsale, Abwaschungen von Verschmutzungen haben nichts mit einer „natürlichen Patina" zu tun.

Der Aufschrei von Architekturkollegen, dass für konstruktive Forderungen an der Fassadengestaltung die Entwurfsfreiheit eingeschränkt wird, geht voll daneben.

Bereits 1896 wurde in Lehrbüchern nach dem Leitsatz „Wasser weg vom Gebäude" dargestellt, wie Verschmutzungen gemindert (nicht verhindert) werden. Dort wurden Vorsprünge, Gesimse u. ä. sehr steil und mit Verzierungen als Tropfkante dargestellt.

Eine „geplante, gleichmäßige" Verschmutzung führt zu einer Patina, die im Laufe der Zeit nicht mehr auffällt, im Gegensatz zu ungeplanten „Wasserfällen", deren Verschmutzungen stark ins Auge fallen.

Die "Dreikantleiste" als Tropfkante ist ein (alter) Entwurfsfehler. Dadurch wird nur die Betondeckung verringert, die Funktion jedoch nicht erfüllt.

Vorbeugung

Bei der Planung von An- und Abschlüssen, bei Vor- und Rücksprüngen innerhalb der Fassade haben die bautechnischen Anforderungen Vorrang vor gestalterischen und vegetationstechnischen Aspekten.

Dachrand- und Fassadenabschlüsse müssen ein Gefälle zum Dach aufweisen. Siehe hierzu auch Kapitel 4.2

1.5 Feuchtebelastung – Deckenunterseite

Erscheinungsbild

Überdachte Eingangssituation aus Sichtbeton. Die angedeutete Tropfkante liegt zu weit hinten, d. h., an der waagrechten Unterseite kann das ablaufende Wasser zu lange „verweilen". Verschmutzungen sowie unnötige erhöhte Feuchtebelastung sind die Folge.

Gutachterliche Einstufung

„Tropfkanten", hergestellt aus Dreikantleisten, sind bessere „Anhaftkanten" (siehe auch Kapitel 1.03). Bereits bei einer Windstärke 4 beträgt die Windgeschwindigkeit über V_w = 5 m/s (Regen = Fallgeschwindigkeit, ca. V_F = 5 m/s). Nimmt die Windstärke zu, z. B. Windstärke 7, so ist die Windgeschwindigkeit ca. 3-mal so hoch wie die Fallgeschwindigkeit des Regens, sodass das Wasser über die „Tropfkante" an der Decke entlang getrieben wird. Zudem wird durch die eingelegte Dreikantleiste i. d. R. die Betondeckung gemindert mit der Folge von Stahlkorrosionsschäden.

Abb. 1.5–1   Eingangs-Vordach mit zurückliegenden „Dreikantleisten"

Vorbeugung

Klare, deutliche Abkantung der Stirnseite.

Mögliche Ausbildung:

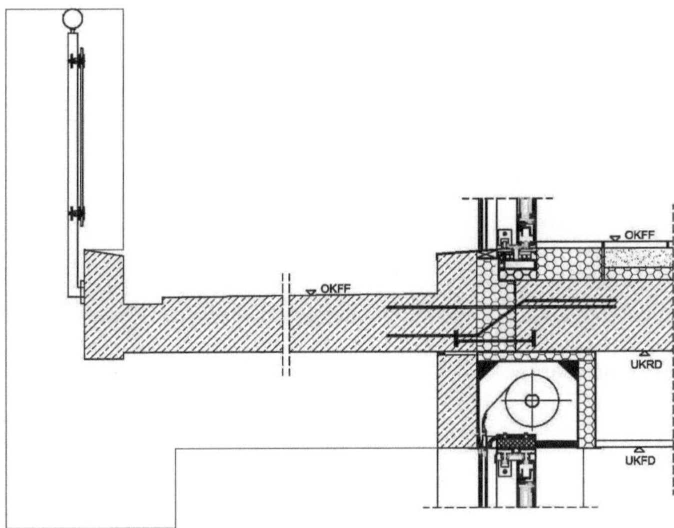

Abb. 1.5–2   Detail Terrasse (Auszug aus „Sichtbeton Atlas" [3.2])

1.6 Feuchtebelastung – Garagenrampe

Erscheinungsbild

Garagenrampen, d. h. Wände und Decken (Einfahrt), werden häufig im Rahmen eines Sichtbeton-Projektes vernachlässigt. Beanstandet wird fast regelmäßig:

– Oberer Abschluss der Rampenwände
– Decken zur Tiefgarage

Abb. 1.6–1   Einfahrt zur Tiefgarage

Abb. 1.6–2   Wände der Garagenrampe

Abb. 1.6–3   Wände der Garagenrampe

Gutachterliche Einstufung

Der obere Abschluss der Wände ist die sog. „Einfüllseite", d. h., die Oberseite wird i. d. R. nur mit der Kelle glatt abgezogen und wird nie so glatt sein wie die eingeschalte Fläche.

Dabei ist zu berücksichtigen, dass die Oberseite ein seitliches Gefälle („weg von der Rampe") aufweisen sollte, damit Schmutz/Regenwasser nicht an den Innenseiten der Rampenwände herablaufen.

Die Decke über der Garageneinfahrt muss eine Tropfkante aufweisen, siehe Kapitel 1.5.

Besondere Aufmerksamkeit sollte auch der Arbeitsfuge zwischen Decke (Einfahrt) und Aufkantung gewidmet werden.

Durch Undichtigkeiten im Bereich der Arbeitsfuge entstehen Ausblutungen/Kiesnester. Durch Maßungenauigkeiten, labile Schalelemente entstehen Absätze („Versatz") in den Wandebenen.

Beseitigung

Nachträglich eine „Tropfkante" herzustellen, ist mittels einer Profilleiste, z. B. KORTO, möglich. Die nachträgliche Änderung des waagerechten Wandabschlusses ist nur möglich mittel Abdeckprofilen mit seitlichem Gefälle.

Vorbeugung

Wasser „geplant" abführen!

1.7 Arbeitsfugen Treppenhaus

Erscheinungsbild

An sichtbaren Arbeitsfugen – insbesondere im Bereich von Treppenhäusern – gibt es fast immer wieder Beanstandungen, i. d. R. aufgrund

– Vor,- Rücksprung zwischen zwei Betonierabschnitten („Versatz")
– Undichtigkeiten der Schalung. Folge Ausblutungen, Kiesnester

Diese berechtigten Beanstandungen werden dann oftmals unfachmännisch „beseitigt" durch Stemmarbeiten, Spachtelarbeiten usw. Die Folge der „Verschlimmbesserung" sind dann erneute Beanstandungen, da der Sichtbetoncharakter verloren gegangen ist. Zu den angefallenen Mängelbeseitigungskosten fallen zusätzliche Minderkosten an. Beispiele, siehe *Handbuch Sichtbeton* [3.3]

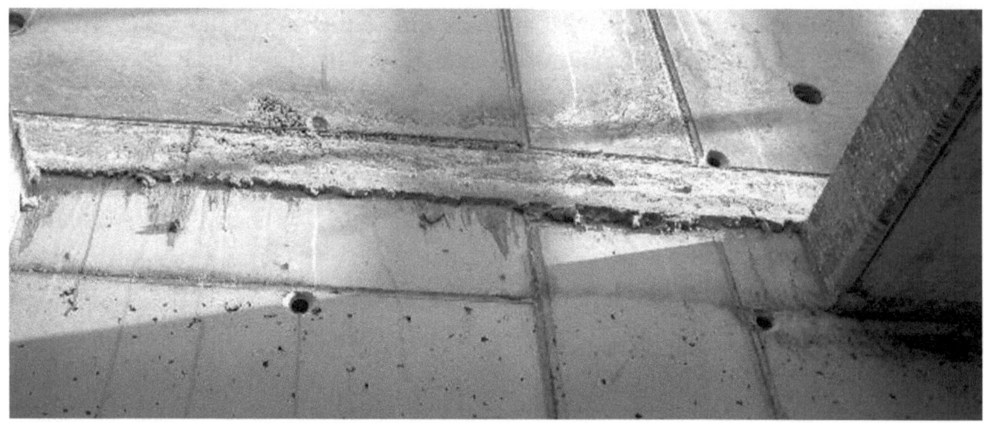

Abb. 1.7–1   Arbeitsfugen mit Versatz

Abb. 1.7–2   „Verschlimmbesserung":
Spachtelung

Abb. 1.7–3   Arbeitsfuge mittels Trapezleiste

Gutachterliche Einstufung

Das BDZ-Merkblatt Sichtbeton lässt – je nach Sichtbetonklasse- einen „Versatz" von bis zu 5 mm zu.

Werden ein geringerer Versatz sowie erhöhte Maßtoleranzen gewünscht, muss dies schriftlich vereinbart werden.

2 Nichtsaugende Schalung

2.1 Farbtonabweichung

Erscheinungsbild

Im Zeitalter funktionell gestalteter Betonflächen – sog. Sichtbeton – spielen optische Gesichtspunkte eine wichtige Rolle. Sichtbeton ist Geschmacksache! Dabei ist die Ausdrucksform der Betonfläche von besonderer Bedeutung, wie diese Fassade eindeutig erkennen lässt. Hier steht nicht die Materialkomponente im technischen Sinne, also Schalung und Verarbeitung des Betons, auf dem Prüfstand, sondern vielmehr der gestalterische Aspekt, die Harmonisierung der Betonflächen mit ihren vielfältigen optischen Möglichkeiten. Mit anderen Worten: Ästhetisch wirkender Sichtbeton ist nicht zuletzt eine Sache der Planung und der vorzeitigen Abstimmung mit dem Rohbauunternehmer, von dem man annehmen darf, dass er die materialspezifischen Verarbeitungsmöglichkeiten und Grenzen (siehe *Handbuch Sichtbeton* [3.3] kennt und beherrscht. Eine materialtypische, mehr oder minder eintönige Überladung mit farbtonigen Flächen muss, auch wenn sie durch das Spielen mit einzelnen Betonkuben räumlich betont wird und abwechslungsreich erscheint, in ihrer Gesamtheit erdrückend und langweilig wirken. Sie stellt ein abschreckendes Beispiel unausgeglichener Architektur dar, für die der Bauunternehmer nicht verantwortlich gemacht werden kann. Abbildung 2.1–1 lässt die Materialbeherrschung und die maßstäbliche Flächenaufgliederung erkennen.

Voraussetzung hierzu ist eine gute Planung, die die typische materialgerechte Oberfläche des Betons berücksichtigt, und selbstverständlich eine fach- und materialgerechte Verarbeitung. Dabei kommt der Schalungstechnologie eine vorrangige Bedeutung zu. Sie ist zwischen Planung und Ausführung rechtzeitig abzustimmen.

Gutachterliche Einstufung

Mit Sicherheit ist der Gutachter überfordert, wenn er eine „geschmackliche" Bewertung vornehmen soll. Seine Aufgabe liegt in der technischen Bewertung. Im Ausnahmefall, wenn materialbezogen fachliche Gesichtspunkte durch fragwürdige Planungen beeinträchtigt sind, die u. U. sogar Fehler ausgelöst haben und damit für das Gesamtobjekt einen wertmindernden Einfluss ausüben können, kann der Gutachter hinzu gerufen werden. Solche Fehler untergeordneter Bedeutung sind Mängel, die keine technische Auswirkung haben, sondern rein optischer Natur sind, z. B. Sedimentationen, Schleppwassereffekte, Oberflächenversandungen u. Ä. m. Sie können verständlicherweise vom Gestaltungsgrad der Betonfläche abhängen, der bei einer glatten, also porengeschlossenen Einheit anders aussieht, als bei einer rauen, strukturierten Ausführung. Hier wirken sich Planung und Ausführung auf die gestalterische Wirkung aus, und der gutachtlichen Einstufung obliegt die Feststellung der Voraussehbarkeit und damit der Verantwortung für entstandene Mängel.

Abb. 2.1–1   Farbunterschiede der einzelnen Sichtbetonkuben. Kirche zur Heiligsten Dreifaltigkeit, Wien – Mauer

Beseitigung

Technische Fehler müssen, besonders wenn sie den Bestand des Objektes beeinträchtigen können, beseitigt werden. Bei gestalterischen Mängeln, auch bei Schönheitsfehlern, hängt die Nacharbeit vom Wirkungsgrad zur Gesamtfläche und damit wiederum von der Planung ab.

Es gibt Mängel, die schon durch die Leistungsbeschreibung verursacht sind, wie z. B. Farbtonabweichungen „Marmorierung" bei planeben-glatten Flächen, besonders wenn z. B. der Planer gleiche Farbe verlangt. Der Architekt muss in solchen Fällen davon ausgehen, dass hier optische Zugeständnisse gemacht werden müssen und theoretische Gesichtspunkte einer überspitzten, praxisfremden Leistungsbeschreibung mit daraus folgenden Ausbesserungen oder gar vollflächiger Anstriche fachlich unvertretbar sein können.

Vorbeugung

Diese ist nur in der fach- und planungsgerechten **vorzeitigen Abstimmung** zwischen dem Ausschreibenden und dem Ausführenden zu suchen.

Hier gilt es, materialgerecht zu denken und zu handeln, und der Auftragnehmer muss nach VOB/B § 4 Abs. 3 [1.6] grundsätzlich (schriftlich) fachliche Bedenken anmelden, sofern die Leistungsanforderung im Widerspruch zur Praxis steht, d. h. nicht nur erfüllbar scheint, sondern auch materialbezogen fragwürdig ist.

Die oftmals anzutreffende Auffassung der Auftraggeber, dass hinsichtlich Bedenken und Einsprüchen mit dem Zuschlag der „Zug abgefahren ist", dürfte irrig sein, denn in o. a. Text findet sich u. a. auch der Hinweis, wonach der *Einspruch „... möglichst schon vor Beginn der Arbeiten ..."* zu erheben ist. Das muss also keineswegs objektbezogen sein, sondern kann sich auf eine Einzelleistung beziehen, deren Schwierigkeitsgrad zum Zeitpunkt der Angebotsübergabe – Planmaßstab meist 1:100 – nicht erkennbar war und sich erst mit dem Ausführungsmaßstab 1:50 in seiner Problematik darlegt.

2.2 Farbtonabweichung – durch Verwendung saugender und nichtsaugender Schalung

Schadensursache

Farbtöne sind dann Betonflächenmängel, wenn sie im gleichen Bereich gegensätzlich zueinanderstehen und damit den gestalterischen Objekteindruck mindern. Das bedeutet für den Praktiker, dass er in etwa die schalungsbezogenen Farbtöne kennt und ihnen anwendungstechnisch, z. B. im Rahmen der Arbeitsvorbereitung, gerecht wird.

Der diesbezügliche Unterschied zwischen saugenden und nicht saugenden Schalungen liegt im jeweiligen Feuchtigkeitsanspruch der Hauptplatten begründet, mit dem der Wasserzementwert im Betonoberflächenbereich so oder so beeinflusst wird, sodass sich daraus über die Karbonatisierung dunklere oder hellere Farbtönungen ergeben. In diesem Sinne identifiziert sich eine saugende, also eigenfeuchtigkeitsbeanspruchende Schalung mit dem Trend der Minderung des W/Z-Werts mit einem helleren Farbton. Das ist normal.

Da aber die Ausnahme die Regel bestätigt, ergibt sich eine Umkehrung des oben geschilderten Vorganges dann, wenn infolge intensiver Verdichtung bei einer nicht saugenden Schalung das Mehlkorn (0/0,25 mm) zu vibrierenden Schalungsfläche wandert und sich im Oberflächenbereich sammelt. Da man davon ausgehen kann, dass bei hochwertigem Sichtbeton auf das Größtkorn bezogen von den 400 bis 450 kg/m³, Mehlkorn (0/0,25 mm) ca. 330 bis 350 kg/m³ aus Zement besteht, ist das gleichbedeutend mit einer erheblichen Minderung des W/Z-Werts, ggf. unter 0,4 und damit unter dem Bereich einer chemisch-physikalischen Hydratation des Zementes.

Mit anderen Worten: Es gibt u. U. im Oberflächenbereich Zementbestandteile, die infolge Wassermangels nicht ausreichend hydratisieren und damit zum Teil dunkelglasig bleiben; im Gegensatz zu einer saugenden Schalung, bei der infolge Schalungsrauigkeiten eine derartige Sedimentation nur bedingt möglich ist und wo zudem die Eigenfeuchte der Schalung u. U. für einen Ausgleich des W/Z-Werts sorgt.

Hier also sind die Farbtöne, und wie man es praktisch oftmals im Zusammenhang mit sägerauen Brettschalungen an den Aststellen beobachten kann, genau umgekehrt.

Gutachterliche Einstufung

Sofern der Mehlkornanteil falsch und damit das Betongefüge im Sinne der Aufgabenstellung als Sichtbeton „labil" ist, handelt es sich um eine vorprogrammierte Erscheinung, u. U. begünstigt durch den geringen Rauigkeitskoeffizienten einer glatten Schalung, ausgelöst durch eine partiell intensive Verdichtung.

Erschwerend kommt hinzu, dass die für den dunklen Farbton zuständige Sedimentation mit ihrem sehr dichten, als Karbonatisierungsbremse positiv wirkenden, kapillarporenarmen Gefüge für eine materialgerechte Überarbeitung mit kunstharzvergüteter, sog. modifizierter, im Farbton angepasster Zementschlämme denkbar ungünstig ist, weil die zweckdienliche Saugfähigkeit nur bedingt entsteht.

Mit Sicherheit entfällt der Anspruch auf einen Sichtbetonzuschlag, d. h. Minderung, da man davon ausgehen kann, dass diese Dunkelgraufärbung nur da und dort auftritt und unschön im Gesamterscheinungsbild auffällt. Wir haben es also mit einem Wert-Minderungsschaden durch schlechte Gestaltung zu tun, dessen Beseitigung Probebehandlungen vorausgehen müssen. Bedarf es einer Lasur, kommen möglicherweise spätere Unterhaltungskosten hinzu.

Beseitigung

Wie vor bereits erwähnt, bedarf es wegen des dichten Betongefüges Probeanstriche, um eine materialgerechte Behandlung herauszufinden. In jedem Fall wird eine ausreichende Nass-in-Nass-Grundierung auf wässriger Kunstharzdispersionsbasis zur Verankerung der nachfolgenden modifizierten Zementschlämme erforderlich sein. Diese atmungsaktive Behandlungsweise hat den Vorteil einer besseren Feuchtigkeitsdiffundierung gegenüber dem jungen und damit strukturell dichten, aber feuchten Beton.

Vorbeugung

Zwei Voraussetzungen sind zu bewahren:

Einerseits um die Verwendung der strukturell gleichen Schalung bemüht zu sein, die auch genauso häufig eingesetzt worden war, und andererseits – und das gilt besonders für nichtsaugende, also porengeschlossene Schalungen – die Entlüftung des Betons besonders im Oberflächenbereich so vorzunehmen, dass Sedimentationen weitgehend ausgeschlossen oder zumindest eingeschränkt werden. Letztlich fallen geringere Farbtonschattierungen nicht ins Gewicht. Alles in allem geht es darum, Schalungen und Beton nach Material und Verarbeitung fachgerecht aufeinander abzustimmen.

2.3 Farbtonabweichung – durch bräunliche Verfärbungen

Schadensursache (austretendes Phenol)

Der Ausgangsmangel liegt in einer fertigungsbedingten, unzulänglichen Aushärtung des aufgebrachten Phenolfilmes. Dieser benötigt zur Aushärtung eine vorbestimmte Temperatur und einen Pressdruck über eine auf die Plattenart und Dicke abgestimmten Dauer. Wenn einer dieser Faktoren unzulänglich ist, kann die Folge eine mangelhafte Aushärtung des Phenolfilmes sein. Den diesbezüglichen Nachweis zu führen, ist einem Außenstehenden kaum möglich. Den Mangel der notwendigen Alkaliresistenz aufzeigen, kann jedes einschlägige Labor.

Im vorliegenden Fall war aus mehreren Gründen die Phenolaushärtung unzureichend, wie sich in der Analyse herausstellte:

a) Der Phenolfilm war aus produktionstechnischen Gründen nicht ausgehärtet;

b) die werksneuen Platten waren hochsommerlichen Temperaturen als Deckenschalung ausgesetzt und dabei

c) im eingeschalteten Zustand ca. 14 Tage intensiv sonnen- bzw. UV-bestrahlt worden. Dabei zeichnete sich interessanterweise

d) die Bewehrung als Schatten dort ab, wo keine Sonne hinkam, indem der Betonfarbton in Armierungsraster erhalten blieb.

e) Es ergaben sich, weil Personen auf die Schalungsplatten getreten waren, mit dem überdimensioniert aufgebrachten Trennmittel starke bräunlich schmierige Substanzen (ähnlich „Schuhabdrücke"), die später vom Beton aufgesogen bzw. übernommen wurden und zur Reklamation führten. Dabei zeigte sich, dass Teile der starken Verunreinigung nicht abgetrocknet waren und z. B. schon eine auferlegte Hand daran kleben blieb. Dementsprechend schwer war auch die Beseitigung, bei der auf klebrigen Stellen selbst eine Flex ohne Wirkung war.

Alle Einwirkungen gemeinsam ergaben schließlich die berechtigte Reklamation, deren Rückstandsbeseitigung erheblich kostenträchtiger war als die farbliche Regeneration der Deckenuntersicht einer etwas 200 m² großen Tiefgarage.

Gutachterliche Einstufung

Die Schadensursache ist eindeutig und damit auch die Verantwortlichkeit gegenüber den nachfolgenden Maßnahmen und Kosten. Eine Sichtbetonforderung war laut LV nicht gegeben, doch sollte ein *„sichtbar beleibender, ästhetisch zumutbarer Beton"* als Deckenfläche erstellt werden, was seitens der berechtigten Mängelrüge in Abrede gestellt war.

Damit ergab sich für den Plattenhersteller die Übernahme sowohl der recht aufwendigen Reinigung als auch die Betonkosmetik.

Beseitigung

Soweit die Verunreinigungen kleben, bedarf es zunächst einer intensiven Beheizung, am besten mit Elektrostrahlern. Dann steht dem Einsatz von Schleifgeräten von Hand oder fahrbaren Tellerschleifern sowie der Betonkosmetik nichts im Wege.

Vorbeugung

Hier kann es ggf. nur darum gehen, z. B. im Rahmen eines Großobjektes und anspruchsvoller Betonflächenauflagen, einen Eignungstest der Schalungsplatten auf Alkaliresistenz durchzuführen, wozu auch der Nachweis der Phenolaushärtung gehört. Der Nachweis gelingt mit einer 24-stündigen Natronlaugenbelastung entweder in Form des sog. Ochsenaugentests", der sich jedoch jeweils auf einen engen partiellen Bereich beschränkt, oder flächig mit der vorherigen Ausbildung einer beliebig großen „Wanne" mittels Gips. Die Schalung bzw. deren Befilmung ist einwandfrei, sofern nach 24 Stunden keine Verfärbung eintritt.

Dieses Testergebnis schließt aber keineswegs aus, dass nicht vereinzelt trotzdem Pannen auftreten können, für die dann der Hersteller bzw. Lieferant verantwortlich ist. Auch hier bedarf es nochmals des Hinweises, dass diesbezügliche Liefer- und Geschäftsbedingungen mit der Auflage, Mängelrügen müssten in einer bestimmten Frist nach Anlieferung gemeldet werden, keine Gültigkeit haben können, sofern es sich um mangelhaft ausgehärtete Phenolfilme oder auch Verfärbungen durch Holzinhaltstoffe handelt. Derartige Forderungen haben ihre Rechtfertigung nur gegenüber äußerlich sichtbaren Plattenfehlern.

2.4 Farbtonabweichungen – durch „Farbflecken"

Schadensursache (Holzinhaltsstoffe)

Beton-Holzwerkstoffschalungen sind seit mehr als 50 Jahren bekannt. Sie bieten sich in Form von 3-Schichtplatten, Spanplatten, Sperrholz als Stab- und Furnierplatten u. a. an, sind sowohl unvergütet, beharzt oder befilmt, und der Praktiker geht davon aus, dass sie alkaliresistent sind. Generell sollte man das auch annehmen können, wenn nicht, im Sinne und unter dem Druck des freien Wettbewerbs, „preiswerte" Sperrholzschalungen aus dem Ausland zu uns stoßen. Man kann in der Regel davon ausgehen, dass unsere Importerzeugnisse in Kenntnis der geforderten Baubedingungen eingeführt werden. Es gibt u. a. zwei Mängelfaktoren, die zu bräunlichen oder bräunlich-gelben Verfärbungen führen können.

Bei den punktförmigen Farbdurchschlägen geht es um schädliche Einflussnahme von Inhaltsstoffen einzelner „Exoten", die dem Anschein nach nicht ordnungsgemäß vorbereitet, d. h. als Stammware gedämpft oder gekocht wurden, um damit ihre Alkaliresistenz zu erlangen. Da die betroffenen Platten – es handelte sich um 8 mm dicke sog. Vorsatz-Furnierplatten-Schalungen – befilmt worden waren, also das Holz erst vorerst gar nicht mit dem Beton in Berührung kam, zeigten sich diese Farbmängel erst mit dem Oberflächenfilmverschleiß nach mehrmaligem Einsatz und der damit gegebenen Porosität des Filmes. Über diese partielle Zerstörung der Vergütung drang das alkalische Betonwasser in die Platte, löste die allergischen Inhaltstoffe und unter Druck des aufgebrachten Betons – es handelt sich um größere Deckenflächen – wurde es dem Beton mit farbiger Substanz zurückgegeben und zwar wasserlöslich.

Gutachterliche Einstufung

Das Ergebnis der Analyse des schalungsbedingten Fehlers ist eindeutig und damit auch die Zuständigkeit des Händlers bzw. Importeurs geklärt, der sich – ohne Rücksicht auf eventuelle Passagen der eigenen Geschäfts- oder Lieferbedingungen – mit seinem Produzenten abstimmen muss. Die diesbezüglich oftmals vorgebrachte Argumentation, wonach auch berechtigte Mängelrügen innerhalb einer meist relativ kurz bemessenen Zeitspanne zu melden sind, trifft nicht zu, denn im vorliegenden Fall zeigen sich die Farbeinwirkungen, einsatzbedingt, erst nach 5, 6, oder 7 Verwendungen und damit erst nach Wochen. Es ist auch für den Verarbeiter unzumutbar, ihm die Pflicht aufzuerlegen, dass er an den ihm als „Betonschalungen" angelieferten Platten Eignungsprüfungen oder Qualitätsnachweise durchführen soll, um z. B. die Alkaliresistenz zu belegen. Anders dagegen ist die Situation – und hier sollte der Schalungsbezieher darauf achten – wenn ihm z. B. preiswertes „wetterfestes Sperrholz" oder „befilmte Furnierplatte" ohne den Hinweis „Betonschalung" verkauft werden. Hier liegt das Einsatzrisiko der fachtechnischen Qualifikation u. U. bei ihm und eine diesbezügliche Reklamation wird vom Händler zurückgewiesen.

Sofern also die Frage geklärt ist und es sich bei den verkauften Platten um „Betonschalungen" handelt, kommt der Lieferant sowohl für den kostenfreien Ersatz der Schalung als auch für die Mehrkosten der Beseitigung der Flecken bzw. der Mehrkosten der Nachbehandlung und u. U. zusätzlich für den daraus entstandenen Zeitverzug auf.

Beseitigung

Hier kann es nur darum gehen, für eine Neutralisierung der Farbflecken zu sorgen, die sich auf die Substanz der Holzinhaltstoffe einstellen muss. Hier gilt also, einen Betonkosmetiker zurate zu ziehen, der die notwendigen Arbeiten und ihre Kosten darzulegen hat.

Vorbeugung

Selbstverständlich ist der Plattenbezieher, also der Bauunternehmer, in der Lage und z. B. bei hohen Sichtbetonforderungen (Sichtbetonklassen) sowie umfangreichen Objekten gut beraten, sein Material zumindest hinsichtlich der notwendigen Alkaliresistenz auf „Herz und Nieren" zu prüfen. Die Methode ist für ein Betonlabor recht einfach. Man nehme die zu prüfende Schalung, schneide sie im Querschnitt so schräg wie möglich an und lege sie über 24 Stunden in eine 1 bis 3 %-ige Natronlauge, bei der der pH-Wert mit etwa 13 der Betonalkalität in etwa gerecht wird.

Verfärbt sich die Lauge braun oder braun-gelb, so ist hinsichtlich der Alkaliresistenz der „Wurm" in der Platte und es bedarf weiterer Ermittlung, ob die Verfärbung durch Holzinhaltstoffe oder infolge eines u. U. nicht ausgehärteten Phenolfilmes verursacht wird.

Man wird sich demzufolge einer ergänzenden Prozedur stellen, indem diesmal über den Auftrag eines „Gipskranzes" allein die Oberfläche, also der Film, über den 24-stündigen Einfluss von Natronlauge auf Verfärbungsansätze getestet wird.

Ist dieser Versuch ohne Befund, so liegt die Ursache im Plattengefüge, genauer gesagt im Holz, und man sollte dementsprechend reklamieren.

2.5 Farbtonabweichung – durch Verwendung verschiedener Schalungen

Schadensursache

Farbtöne sind unter Berücksichtigung unterschiedlicher Ausgangsstoffe der Zemente und Gesteinskörnungen, also unter betontechnologisch gleichen Bedingungen, von der Oberflächenstruktur der Schalung beeinflusst.

Dabei kann man davon ausgehen, dass sich auch jede neue Schalung, auch wenn sie anscheinend eine gleichartige Oberflächenvergütung hat, von der anderen entweder bereits beim Ersteinsatz, mit Sicherheit aber im Zuge der Wiederverwendung in der Betonreproduktion, d. h. im Farbton, mehr oder minder unterscheidet. Hier spielen Porosität und Lichtreflexion eine maßgebliche Rolle.

Somit kann es als Ausführungsfehler angesehen werden, wenn die Baustelle gedankenlos ein und dasselbe Bauteil bzw. eine Gebäudefläche mit unterschiedlichen Schalungsfabrikaten und Schalungstypen erstellt.

Bei technisch-funktionellen Flächen kann es dagegen nur darum gehen, etwa strukturgleiche Flächen in Anlehnung an die Belange der DIN 18 202 [1.8] zu erstellen.

Gutachterliche Einstufung

Der Praktiker mag solche Unterscheidungen als kleinlich bezeichnen, doch maßgeblich für gestalterische Betonflächen ist allein die Leistungsbeschreibung und nicht zu vergessen die „anerkannten Regeln der Technik".

Danach gehören zum Sichtbeton in allen Bereichen gleiche Ausgangsstoffe und fachgerechte Verarbeitung. Erst deren Abstimmung bietet die Grundlage einer mängelfreien Ausgangssituation und dem Gutachter Vergleichsmaßstäbe.

Gedankenlos eingesetzte Schalungen unterschiedlicher Qualität, auch wenn sie neuwertig sind, rechtfertigen eine Mängelrüge und möglicherweise zwingen sie den Auftragnehmer, die sich daraus ergebenden Kosten zu übernehmen. Haben wir es dabei mit einer Serienschalung, die funktionsmäßig mehrfache Verwendung findet, zu tun, so bezieht sich die Beanstandung auf alle Einsatzfälle am gleichen Bauwerk. Sie gilt alternativ auch im Bereich der Fertigteilherstellung.

Beseitigung

Hier kann es sich ggf. nur um die evtl. Farbtonangleichung der Flächen zueinander handeln, wobei es nebensächlich ist, welche Flächen angepasst sind. Bei Stützen wird man um eine gesamtflächige Behandlung kaum herumkommen. Dabei empfiehlt sich wiederum die materialgleiche, modifizierte Zementschlämme einschließlich einer vorgeschalteten Grundierung.

Vorbeugung

Für gleiche Schalungen zu sorgen, ist die einzige sich aus diesem Mangel ergebende Konsequenz.

2.6 Farbtonabweichungen – alkalibeständiger Sperrholzschalungen

Schadensursache (alkalibeständige Sperrholzschalungen)

DIN 68 792 „Großflächen-Schalungsplatten aus Furniersperrholz für Beton und Stahlbeton" fordert lt. Abs. 5.7 [1.16] sinngemäß übereinstimmend mit DIN 68 791 [1.15], dass die Schalungsoberfläche – hier heißt es das Oberflächenvergütungsmittel – weder auf den Abbindeverlauf des Zementes, noch den Härtungsprozess des Betons, schon gar nicht farblich auf die üblichen Farbtonabstufungen der Betonoberfläche negativen Einfluss nehmen darf. Das heißt, dass Sperrholzschalungen aller Art alkaliresistent sein müssen und weder die Verleimungsharze noch die Vergütung, ob Film oder Harz, den hydraulischen Abbindeprozess stören bzw. die im einheitlichen Farbton erscheinende Betonfläche beeinträchtigen dürfen. Dabei spielt es eine untergeordnete Rolle, ob es sich um rohe, beharzte oder befilmte Sperrholzplatten handelt und ob evtl. Mängel beim Ersteinsatz oder nach wiederholter Verwendung auftreten. Da der Bauunternehmer keine Versuche mit Schalung, Trennmittel u. a. m. machen kann, muss er als Verarbeiter der hochwertigen, abgesperrten Schalung davon ausgehen können, dass eine als Betonschalung angebotene Platte die o. a. Voraussetzungen in jeder Hinsicht erfüllt.

Gutachterliche Einstufung

Die lt. DIN gestellten technologischen Forderungen an Sperrholzschalungen wurden bei dieser Platte nicht erfüllt. Der Mangel war zudem für den Käufer vorab und äußerlich nicht wahrnehmbar. Daraus ergibt sich die Rechtfertigung für den Bauunternehmer, nicht nur auf kostenlosen Materialersatz, sondern auch auf zusätzliche Erstattung der Folgekosten zu bestehen. Geschäfts- und Lieferbedingungen, die einer möglichen Beanstandung eine meist relativ kurz bemessene Frist setzen, können keine Gültigkeit haben. Denn oftmals vergehen witterungs- oder objektbedingt Wochen oder gar Monate, bis eine solche Schalung zum Einsatz kommt und der nachhaltige Schaden zur Diskussion steht.

Der Schalungshersteller muss die Eignung des von ihm verwendeten Holzes vor seiner Verarbeitung garantieren.

Beseitigung

Meist zeigt sich die unzulängliche Alkalibeständigkeit einer Schalung nach dem Ausschalen am Beton in Form von Vermehlungen als Folge einer Hydratationsstörung. Bei geringer Intensität kann man unmittelbar nach dem Abnehmen der Schalung durch Wasservernebelung eine Nachhydratation zu bewirken versuchen. Hier genügt u. U. eine partielle Versuchsfläche.

Ist hierdurch nichts bewirkt, so sollte die trockene Oberfläche, je nach Vermehlungstiefe, ein oder zweimal mit Fluat behandelt werden, um damit eine Oberflächenkristallisierung zu erreichen.

Das Fluat hat die Aufgabe, die vermehlten Kalkanteile in mineralisierte Doppel-Fluorverbindungen umzuwandeln. Sofern die Bau-Chemie andere, gleichwertige Materialien anzubieten hat, steht auch deren Einsatz nichts im Wege. In jedem Fall ist es material- als auch anwendungsbezogen zweckmäßig, sich mit der betreffenden Bau-Chemie abzustimmen.

Vorbeugung

Jedem Schalungsverarbeiter bietet sich die Möglichkeit, Alkaliresistenz der Platten durch den sog. „Ochsenaugen-Test" [3.1 siehe *Sichtbeton-Planung*] mittels Natronlauge nachzuweisen. Wie jedoch bereits erwähnt, kann es dem Bauunternehmer nicht zugemutet werden, jede der von ihm gekauften Sperrholzschalung auf ihre Alkaliverträglichkeit zu untersuchen. Zumal dann nicht, wenn es sich um vergütete, also beharzte oder befilmte Schalungen handelt, deren evtl. aggressive Substanzen erst mit der Oberflächenporosität, also nach zahlreichen Einsätzen, gegenüber der Betonfläche zur Auswirkung kommen können.

2.7 Farbtonabweichung – durch Braunverfärbungen der Schalung

Schadensursache (Hydratationsstörungen an Schnittkanten)

Nicht nur die zur Anwendung gekommene Schalungsvergütung soll gem. DIN 68 791 [1.15] und 68 792 [1.16] alkaliresistent sein, sondern auch und insbesondere das verwendete Holz selbst. Das gilt gleicherweise für Brett-, 3-S-Platten-, Spanplatten- und Sperrholzschalungen. Denn es müssen beim ersten Einsatz oder im Zuge mehrfacher Verwendung sowohl Hydratationsstörungen als auch farbliche Beeinträchtigungen der Betonoberfläche ausgeschlossen sein. Dabei spielt es keine Rolle, ob die Baustelle im Falle frischer Schnittkanten diese ordnungs- und hinweisgemäß versiegelt hat oder nicht bzw. die Schalfläche mit Trennmittel bearbeitet wurde. Weder die Verleimung noch die strukturelle Oberflächenbeschaffenheit dürfen beeinträchtigt und schon gar nicht der Funktionswert der Betonfläche gemindert werden, ob optisch oder technisch.

Verfärbungen jeglicher Art und auch Farbtonbeeinträchtigungen, wie sie Folge partieller Hydratationsstörungen sein können, rechtfertigen seitens des Verarbeiters eine Beanstandung und verpflichten die Schalungshersteller zur kommerziellen Wiedergutmachung, und zwar sowohl bzgl. des Schalungsmaterials selbst als auch gegenüber evtl. Folgekosten.

Gutachterliche Einstufung

Da die Schalungsbezieher praktisch nicht in der Lage sind, die „innere" Unzulänglichkeit der Schalung bzgl. evtl. alkalifeindlicher Inhaltsstoffe vorzeitig zu ermitteln und auch der mögliche „Ochsenaugentest" [3.1 siehe *Sichtbeton-Planung*], vom Aufwand abgesehen, nur partieller Natur ist und demnach Unklarheiten offen lässt, trägt allein der Hersteller funktionswidriger Schalungsplatten, sofern sie durch Inhaltsstoffe belastet sind, die Verantwortung für die sich ergebenden Mängel und deren Folgekosten. Dabei bedarf es u. U. der Begutachtung des Schalungsmaterials danach, ob und inwieweit gegenüber den gestellten Einsatzforderungen gemäß der Leistungsbeschreibung die Weiterverwendung am Objekt fachlich zu vertreten ist.

Auch wenn die zwar unzulänglichen Schalungen z. B. bei funktionellen Flächen des Innenausbaues in der Lage sein sollten, die baulichen Notwendigkeiten auch weiterhin zu erbringen und nicht ausgewechselt werden müssen, bleibt das Recht des Käufers auf kostenloser Ersatzgestellung. Verpflichtungen gegenüber dem Bauherrn entfallen jedoch.

Beseitigung

Bei Oberflächenbeeinträchtigungen physikalischer Art, z. B. Vermehlungen, Versandungen o. ä., die meist partiell auftreten, muss ursachenspezifisch die richtige Abhilfe ausgewählt werden, d. h. bei Beeinträchtigung der Oberflächenfestigkeit eine auf Fluat o. ä. beruhende Mineralisierung, bei Versandung eine Abspachtelung/Betonkosmetik usw. Die Mehrkosten sind vom Verursacher zu tragen.

Vorbeugung

Für den Schalungskäufer bzw. -verarbeiter bieten sich kaum Möglichkeiten der materialbezogenen Absicherung, es sei denn, dass man sich der Mühe des „Ochsenaugentestes" oder einer weiteren diesbzgl. Schalungsprüfung unterzieht. Aber auch danach bleibt ggf. ein Fragezeichen und die Notwendigkeit, von der gegebenen Alkaliresistenz einer als Betonschalung hergestellten Holzwerkstoffschalung ausgehen zu können.

Risikovoll ist die Situation allerdings dann, wenn ein Bauunternehmer aus rein kommerziellen Gründen auf ein „Sonderangebot" eingeht, bei dem nur von koch- oder wetterfest verleimten oder oberflächenvergüteten Sperrholzplatten die Rede ist und der Hinweis auf die Eignung als Betonschalung fehlt. Das Risiko geht zu seinen Lasten.

2.8 Farbtonabweichung – durch partielle Filmablösungen und deren Abdruck

Schadensursache (Mängel durch die Schalung)

Unzulänglich verpresste Befilmung führt im Einsatz, meist unter Einwirkung mechanischer Einflüsse, zu partiellen Ablöseerscheinungen und damit zu erheblichen einsatztechnischen Einschränkungen der Schalung, sowohl bezogen auf die Wirtschaftlichkeit als auch auf das optische Ergebnis. Betonflächen sind das Spiegelbild der Schalhaut, und die Wirtschaftlichkeit einer Holzwerkstoffschalung beantwortet sich oftmals mit der Frage nach der Einsatzhäufigkeit einer Platte, die mehr oder minder von der Oberflächenvergütung abhängt.

Größeren Baustellenanforderungen versucht man durch höherwertige Filmvergütungen gerecht zu werden, wie es optimal z. B. bei Schalungs-Systemen der Fall sein kann. Hier bestimmt weitgehend die Leistungsfähigkeit der befilmten Hautplatte den Wirtschaftlichkeitsgrad eines Rahmenelementes bzw. deren Amortisierungsfaktor. Der Verarbeiter hochwertiger Holzwerkstoffschalungen ist also gut beraten, sich beim Verkäufer nach dem Brutto-Vergütungsgewicht zu erkundigen, davon ausgehend, dass etwa 20 % dieses Gewichtes die Mindesteinsatzhäufigkeit angibt. Zumindest sollte man das Wissen des Handels um die Vergütungsart und Dimension überprüfen, um zugleich Pannen, wie sie die Abbildung 2.8–1 nach dem ersten Einsatz demonstriert, zu vermeiden.

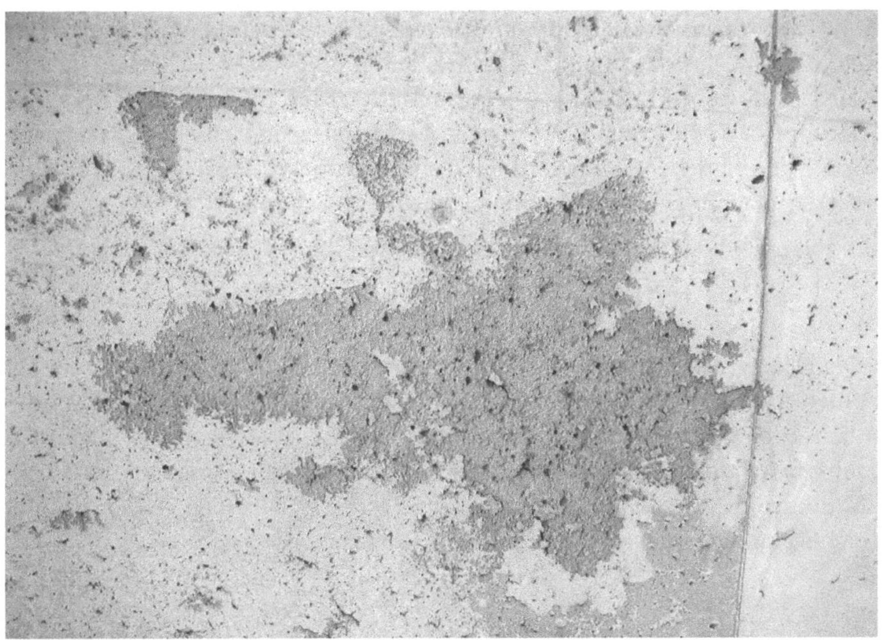

Abb. 2.8–1   Filmablösung an einer Sichtbetonoberfläche

Eine Betonfläche ist immer so gut, wie es die Schalung zulässt, und die Unwirtschaft-
lichkeit kostet Geld. Schließlich sind die physikalisch-chemischen Eigenschaften der
Vergütung entsprechend der lt. DIN 68 791 [1.15] und 68 792, Abs. 5 Nr. 7 [1.16], einschließlich der Oberflächenbeschaffenheit gestellten Forderungen sicherzustellen.

Gutachterliche Einstufung

Lt. DIN 68 791 [1.15] und 68 792 [1.16] müssen Oberflächenvergütungen (z. B. Harze,
Filme, Folien) innig und vollflächig mit den Deckfurnieren der Holzwerkstoffplatten
verbunden sein. Sie dürfen nicht

   a)   den Abbindeverlauf des Zementes verändern,

   b)   den Härtungsprozess des Betons beeinflussen,

   c)   die üblichen Farbtonabstufungen des Betons farblich verändern.

Sofern diese Bedingungen eingehalten werden, sind, unabhängig der anderen technologischen Eigenschaften, zumindest die Beton-Oberflächen in Ordnung.

Sofern Filmablösungen oder Überleimer, Kürschner u. ä., also „Wölbungen" des Fur-
niers partiell auftreten, stellt sich dem Gutachter die Frage nach der Aufgabenstellung
der Schalungsplatten, und damit trennen sich die Beurteilungsbereiche hinsichtlich
Schalungs- und Betonflächenbezug. Ist eine Holzwerkstoffschalung zurecht zu bean-

standen, so hat der Verarbeiter Anspruch auf eine entsprechende Vergütung. Das aber bedeutet keinesfalls, dass ebenfalls auch die damit erstellte Betonfläche – in Anlehnung an die Leistungsbeschreibung – beanstandet werden muss. Maßgebend sind hier neben der Optik, die letztlich Geschmack- und Ermessenssache eines neutralen Betrachters ist, evtl. Planebenflächigkeitsabweichungen nach DIN 18 202 [1.8], die Zusatzarbeiten der Nachfolgegewerke nötig machen.

Das kann nur von einem ö.b.u.v. Sichtbeton-Sachverständigen beurteilt werden.

Beseitigung

Sofern eine Oberflächenvergütung in ihrer Leistungsfähigkeit nachlässt, also z. B. bei partiellen Filmablösungen, sollte man der Aufgabenstellung der zu erstellenden Betonfläche entsprechend bemüht sein, diese zumindest für die Dauer des folgenden Einsatzes oder gar für den Schalungsabschluss des Objektes auf Kunstharzbasis provisorisch auszubessern, um unnötige Zusatzkosten auf der Baustelle zu vermeiden. Das ändert nichts an einer späteren Materialentschädigung.

Vorbeugung

Hier kann es nur darum gehen, sich, wenn man über ausreichende eigene Fachkenntnisse in Sachen Schalung verfügt, beim Kauf von Holzwerkstoffen aller Art über die nachweisliche Eignung der Oberflächenvergütung zu informieren. Man könnte auch die Leistungsfähigkeit der Hautplatten entsprechend der Einsatzbereiche intern statistisch erfassen, um eigene Erfahrungen mit dem Fabrikat, dem Material und dem System zu sammeln.

2.9 Farbtonabweichung – durch Trennmittel

Schadensursache (Trennmittel)

Geht man davon aus, dass Trennmittel durch drei Eigenschaften charakterisiert werden, nämlich

1) Tixotropie, d. h. Haftung auf der Schalung ohne abzulaufen,

2) Hydrophobie, langfristige Wasserabweisung und

3) Klebarmut im Sinne kurzfristiger Abtrocknung,

so bedarf es bei ihrer Anwendung der Anpassung an die beiden Schalungsmerkmale, nämlich

a) saugend, wie bei sägerauer Brettschalung und unvergüteten Holzwerkstoffplatten, und

b) nicht saugend, wie z. B. bei harzvergüteten Massivholzflächen und befilmten Holzwerkstoffschalungen oder Stahlschalungen

Bei saugenden Schalungen, z. B. Dreischichtplatten, muss der Verarbeiter davon ausgehen, dass, wie bei einer Brettschalung, ein gleichmäßig dünner Auftrag von wachstumsbedingt rauer Struktur mal ungleichmäßig aufgesogen und damit partiell einmal überdosiert wird, mal infolge eines zu geringen Oberflächenanteiles weniger Trennwirkung zeigt und Zementleimkristallisationen nach sich zieht. Hier ergeben sich Beeinträchtigungen im Farbton. Bei der nicht saugenden, z. B. befilmten Sperrholzschalung (siehe Abb. 3.13–1) dagegen, ist es wichtig, dass ein dünn und gleichmäßig aufgetragenes Entlüftungsmittel auf der porendichten und glatten Schalung haftet – besonders dann, wenn es sich um ein physikalisch-chemisch wirkendes Material handelt, damit es nicht partiell durch Niederschlag abgesprüht wird, wodurch wiederum Zementleimrückstände die Schalung und deren Betonflächenreproduktion belasten können. Damit ist dem Sichtbetonbild im gleichmäßigen Farbton Schaden zugefügt und es kommt zur Mängelrüge.

Eine Überdosierung dagegen verhindert oftmals, dass ein leistungsfähiges Trennmittel kurzfristig abtrocknet. Es behält somit seinen Klebeeffekt und führt zur verschmutzten Sichtbetonfläche und damit zur Reklamation.

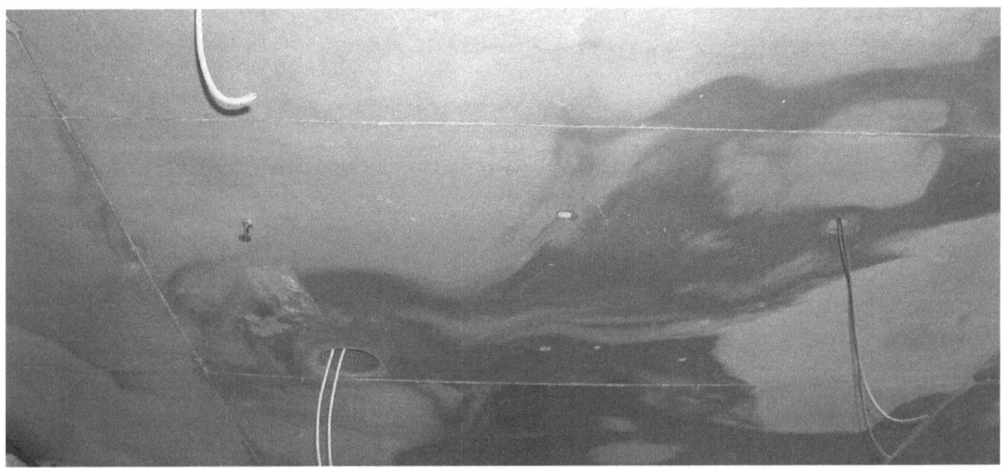

Abb. 2.9–1   Starke Farbabweichung an der Beton-Deckenfläche

Gutachterliche Einstufung

Um negative Auswirkungen von Trennmittel zu erkennen, bedarf es der Erfahrung. Demzufolge ist auch die Beurteilung einer ungleichmäßigen Farbtonabweichung im Ergebnis mehr oder minder unverbindlich und demzufolge auch die Zuweisung der Verantwortung dafür. Das Einfühlungsvermögen des Verarbeiters wird beim Auftrag von Trennmitteln auf die Schalung herausgefordert und immer wieder muss man

Gedankenlosigkeit bei der notwendigen Harmonisierung von Schalhaut und Trennmittel feststellen. Werbemittel über Trennmittel im Hinblick auf die unterschiedlichen Schalungs-Typen sind kritisch zu prüfen. Sachliche Anwendungsbeschreibungen wären in vielen Fällen dienlicher, zumal man nicht von einem „Universaltrennmittel" für a l l e Schalungen sprechen kann. Wenn es also einer Beurteilung von Diskrepanzen zwischen Trennmittel und Schalung bedarf, dann kann hier nur ein erfahrener Beton-Sachverständiger zurate gezogen werden.

Beseitigung

Die Vielseitigkeit der schädlichen Trennmittelauswirkungen ist kaum auf einen gemeinsamen Nenner zu bringen. Man kann von schalungsbedingten Unter- oder Überdimensionierungen sprechen, wie sie sich meistens in Form von kristallisierten oder vermehlten Zementleimrückständen darbieten. Geringe Niveauunterschiede der Betonfläche durch kristallisierte Zementleimrückstände kann man mit modifiziertem Zementfeinmörtel ausgleichen. Vermehlungen sind zunächst mittels Fluat o. ä. zu verfestigen, dann, sofern erforderlich, modifiziert zu vermörteln und, sofern Farbtonabweichungen verbleiben, ist die Gesamtfläche bzw. bei vorgefertigten Elementen das jeweilige Teil, modifiziert mit vorheriger Grundierung, im passenden Farbton zu überschlämmen.

Vorbeugung

Es gilt bei saugenden Schalungen die Devise, grundsätzlich vor dem Trennmittelauftrag für eine ausgeglichene Eigenfeuchte der Schalung zu sorgen, um damit sicher zu gehen, dass das Entschalungsprodukt nicht zum „Imprägniermittel" wird, sondern zu einem Oberflächenbehandlungsmaterial. Eine in sich nasse Schalung kann kein Trennmittel aufnehmen.

Bei einer nicht saugenden porendichten bzw. befilmten Schalung gilt zwar der Hinweis auf die ausgeglichene Eigenfeuchte gleichfalls, doch hier mehr der Dimensionsstabilität wegen, d. h. um ein späteres Quellen oder Schwinden einzuschränken. Beim Trennmittelauftrag sollte der Verarbeiter für eine sparsame, dünne und vor allen Dingen gleichmäßige Dosierung sorgen, am besten mittels Sprühgerät – **mit passender, auf die Viskosität eingestellter Düse** – um diese, sofern es ausführungstechnisch möglich ist, anschließend mit einem breiten Gummirakel abzustreifen. Der auf der Schalung verbleibende „Rückstand" an Trennmittel ist aufgabengerecht und sichert vor allen Dingen bei hydratationsstörenden Entschalungsmitteln eine weitestgehend staubfreie Betonfläche..

2.10 Farbtonabweichung – durch Überdimensionierung physikalisch-chemisch reagierender Trennmittel

Schadensursache (Trennmittel)

Mit Dreischichtplatten vorgefertigte Großflächenschalungen, bei denen der Verarbeiter irrtümlicherweise davon ausging, dass die gelblich sichtbar – mit einem Wirkungsgrad von ca. 10 % – imprägnierten Schalungen weitgehend feuchtigkeitsbeständig seien, waren an der Baustellenperipherie mit zwischengelegten Holzleisten auf Abruf gelagert.

Infolge dieser Stapelung entstand zwischen den Elementen ein erheblicher Luftzug, der zur Folge hatte, dass die 3-fach abgesperrten Nadelholzplatten aber doch auch saugenden Fläche partiell, vor allen Dingen im Mittelbereich, stark austrockneten. Die Platten wurden zum Einsatz vorbereitet. Es wurde physikalisch-chemisch wirkendes Trennmittel per Eimer auf die Schalung geschüttet und mittels Schrubber verteilt mit dem Ergebnis, dass die „durstigen Bereiche" der Platten über Gebühr stark trennmitteldosiert waren und es zu entsprechenden Hydratationsstörungen kommen musste.

Die sich daraus ergebenden Vermehlungen führten zur Haftung unhydratisierten Zementsteins an der Schalung und damit zur strukturellen Rauigkeit seitens der Betonfläche, die unter Einfluss des anfallenden Lichtes dunkler erscheinen musste, um im übrigen Bereich normaler Eigenfeuchte der Schalung und erhöhtem Wasserzementwert zur gewohnten Aufhellung zu führen. Mit diesem flächigen Kontakt ergibt sich eine erhebliche Qualitätsminderung des Sichtbetons. Charakteristisch ist, und das sind die „Feinheiten" einer derartigen Schadensanalyse, dass im Dunkelgraubereich die relativ kleinen brettleistenunterlegten Flächen gleichfalls in Hellgrau erscheinen.

Gutachterliche Einstufung

Eine material- und fachwidrige Handhabung sowohl der Schalung als auch des Trennmittels sind die Ursache der optischen Sichtbetonminderung, die hier nur zulasten des Auftragnehmers eingestuft werden kann.

Um den Sichtbetoncharakter wahren zu können, bedarf es, was bei der schalungsbedingt saugenden Fläche keine Schwierigkeit bedeuten sollte, einer materialgerechten Nachbehandlung mit modifizierter Zementschlämme im gewünschten Farbton, ggf. – und das hängt vom Vermehlungsgrad ab – nach vorheriger Oberflächenmineralisierung (Fluatierung) und einer Grundierung auf der Basis einer wässrigen Kunstharzdispersion, wie wir sie im Zusammenhang mit der Modifizierung kennen.

Die Kosten dieser Überarbeitung gehen zulasten des Auftragnehmers, wobei davon auszugehen ist, dass eine zusätzliche Wertminderung entfällt und auch der Abstrich des Sichtbetonzuschlages nicht gerechtfertigt ist.

Beseitigung

Da es sich um eine mit saugender Schalung erstellte Sichtbetonfläche handelt, die auf unsachgemäße Schalungs- und Trennmittelbehandlung zurückzuführen ist und Fehler das Ergebnis unzumutbar mindern, kann es nur die Konsequenz geben, auf materialgleicher Grundlage, d. h. mit kunstharzvergüteter Schlämme die gesamte Stützenfläche zu vergüten. Eine Probebehandlung muss in diesem Zusammenhang Auskunft geben, ob die anstehende Saugfähigkeit für den unmittelbaren Auftrag der angedickten Zementschlämme ausreicht oder ob es auf gleicher Basis einer Grundierung bedarf.

Die mit der mod. Zementschlämme gegebene Materialgleichheit schließt weitergehende Wertminderungsansprüche aus.

Vorbeugung

Bei saugenden Schalungen, also Platten bzw. Bretter mit eigenem Oberflächenfeuchtigkeitsbedarf und infolge individuellen Wachstums partiell unterschiedlicher Struktur, muss es zunächst darum gehen, ein Optimum an Feuchtigkeitsausgeglichenheit zu gewährleisten. Mit anderen Worten: Derartige Holz- oder Holzwerkstoffschalungen müssen in sich nass sein, was nicht gleichbedeutend ist mit gesättigt, weil damit Schwindtendenzen unterstrichen werden, um dem Sinn eines „**Trenn**mittels" entsprechend aus diesem kein Imprägnier-, sondern ein Oberflächenbehandlungsmittel zu machen. Eine ganzflächig oder partiell ausgetrocknete Schalung muss, insbesondere wenn sie aus Massivholz ist, aufgrund ihrer gewachsenen Struktur unterschiedliche Trennmittelmengen beanspruchen und damit entsprechenden Einfluss auf die Betonfläche ausüben. Das gilt besonders für physikalisch-chemisch reagierende Erzeugnisse. Hier gilt es also, individuell zum jeweiligen Platten-Typ für eine „mittlere" Eigenfeuchte zu sorgen, damit sowohl die Dimensionssteifigkeit der Schalung als auch die oberflächenbezogene Funktion des Entschalungsmittels gewährleistet sind. Wichtig ist, in diesem Zusammenhang die Folgen der Lagerung vorgefertigter Schalungselemente zu berücksichtigen, sodass entsprechende Zusatzbehandlungen, z. B. Wässerung der obersten Schalung, vor dem Trennmittelauftrag vorgenommen werden. Derartige Maßnahmen gelten sowohl für saugende als auch nichtsaugende Holzwerkstoff- bzw. Massivholzschalungen. Es empfiehlt sich, sich vor dem Einsatz sich von der Eigenfeuchte der Schalung zu überzeugen.

2.11 Farbtonabweichung – durch Schüttlagen

Schadensursache

Für den o. a. Schaden können mehrere Ursachen verantwortlich sein und so bedarf es zunächst deren Ermittlung. Da ist zunächst die unzulängliche Kraftschlüssigkeit einer mitschwingenden Schalung, welche horizontalstreifig den W/Z-Wert erhöhen und damit unter Einfluss der Kohlensäure der Luft zur Aufhellung führen kann. Eine weitere Möglichkeit besteht in der Doppelverdichtung zweier übereinanderliegender Schichten im Zuge der lagenweisen Einbringung, bei der die Kapillarporen der oberen Bereiche geschlossenen werden können und die Oberfläche „glasig" wird. Schließlich kann es sein, dass bei der lagenweisen Betonschüttung und der anschließenden Verdichtung das Zugabeüberschusswasser, besonders bei einer glatten Schalung mit geringem Rauigkeitskoeffizienten, an der Oberfläche hochgetrieben wird, der Beton hier sedimentiert und bis zum Einbringen der folgenden Lage absetzt und infolge des höheren W/Z-Wertes aufhellt. Wie gesagt, das können Möglichkeiten sein, deren Effekte sich u. U. überschneiden, und eine eindeutige Klärung ist erst nach einer genauen Ermittlung möglich.

Abb. 2.11–1   Farbtonstreifen im Bereich der Schüttlagen

Gutachterliche Einstufung

Sicherlich ist es ein ausführungstechnischer Fehler, der, unter der Voraussetzung eines geschlossenen Betongefüges, weniger eine technische als eine optische Einschränkung darstellt und dessen gutachterliche Einstufung mehr oder minder von der Einflussnahme auf das gesamte Objekt abhängt. Schüttlagen sind als Mangel einzustufen, der zum Verlust des Sichtbetonzuschlages führen kann. Ergeben sich z. B. an der Straßenfassade unzumutbare optisch-ästhetische Einschränkungen, kann eine Überarbeitung notwendig sein, wobei deren Kosten vom verantwortlichen Rohbauunternehmer getragen werden müssen.

Beseitigung

Sofern es vertretbar ist, d. h. keine optische Beeinträchtigung des Bauwerkes ansteht, sollte man von einer Überarbeitung Abstand nehmen. Das gilt insbesondere für Tiefbauten aller Art, Brückenwiderlager, Stützmauern u.a.m. Eine nachträgliche Oberflächenbehandlung, die solche optischen Mängel im Rahmen der Gewährleistung beseitigen soll, könnte im Auftrag einer Betonkosmetik bestehen.

Vorbeugung

Der Beton ist in Lagen gem. DIN 4235 [1.7], d. h. mit begrenzten Höhen aber **zügig** einzubringen und, wiederum auf die Schalung abstimmt, dosiert zu verdichten, wobei beim Einbringen des Betons zwischen den einzelnen Schichten möglichst wenig Zeit verstreichen sollte. Bei größeren Dimensionen ist der Einsatz von Betonverzögerer (BV) mit zusätzlich verzögernder Wirkung zweckmäßig. Jedenfalls sollte man bemüht sein, den Beton „nicht zur Ruhe" kommen zu lassen, um möglichen Sedimentationen vorzubeugen, die Farbtondifferenzen nach sich ziehen. Bei Sichtbeton gilt es, eine monolithische Abwicklung der Betonierung anzustreben einschließlich einer dem Beton und der Schalung angepassten Verdichtung.

2.12 Farbtonabweichung – durch Sedimentation Streifen

Schadensursache

Bei einer Rahmen-Systemschalung kann man von Kraftschlüssigkeit und Dimensionssteifigkeit ausgehen. Bei konventionell erstellten, d. h. manuell in Stahl/Holz oder Holz/Holz zusammengebauten Schalungselementen dagegen, muss einerseits mit konstruktiven Spielräumen und entsprechender „Beweglichkeit" in sich und gegenüber den Nachbareinheiten, andererseits, und das gilt im Zusammenhang mit sog. Sparschalungen, im Hinblick auf die oftmalige Wiederverwendung, mit starken Feuchtigkeitseinflüssen und damit gegenüber der nassen Hautplatte mit verdichtungsbedingten Eigenschwingungen gerechnet werfen, die sich möglicherweise in Form von Sedimentationen als Farbtonschattierungen auf der Sichtbetonfläche abzeichnen können.

Dabei macht das Element selbst, im Querschnitt gesehen, einen konstruktiv vertrauenerweckenden und stabilen Eindruck. Es spielt eine untergeordnete Rolle, ob wir es baustellenseitig mit den unmittelbaren Frequenzeinwirkungen eines Außenrüttlers auf die Schalung selbst oder mit den Schwingungsübertragungen einer Innenrüttler-Flasche über die Bewehrung, deren Abstandhalter zur Hautplatte zu tun haben. Die Auswirkung ist letztlich die gleiche, nämlich streifige, parallel zur spargeschalten Hautplatte, sedimentationsbedingte Farbtongegensätze, welche das Sichtbetonergebnis – im vorliegenden Fall mit einer Holztextur – zu beeinträchtigen vermögen die in Anbetracht der anspruchsvollen Wirkungsforderung zur Beanstandung führen können.

Gutachterliche Einstufung

Da wir es hier im schalungstechnologischen Sinne keinesfalls mit einer Nachlässigkeit zu tun haben und diese optische Beeinträchtigung dem Gesamteindruck des Sichtbetons kaum als störend bezeichnet werden kann, ist weder eine Mängelrüge noch eine Sichtbeton-Wertminderung gerechtfertigt (je nach Sichtbetonklasse).

Das schließt nicht aus, dass eine nachweislich unsachgemäßere Elementausbildung, das heißt z. B. bei einer weiter gespannten Hautplatte dünnerer Dickendimension bzw. einer Brett- anstatt Bohlenunterstützung oder auch einer zu breit gelagerten Sparschalung, mit ähnlichen Erscheinungen des Betonbildes, eine berechtigte Beanstandung nach sich ziehen kann.

Dann würde mit Sicherheit der Sichtbeton-Zuschlag entfallen und eine Betonkosmetik erforderlich werden.

Mit anderen Worten: Es bedarf im Rahmen der Arbeitsvorbereitung einer konstruktiven Harmonisierung, bei der nicht allein die statischen Gesichtspunkte der Berücksichtigung bedürfen, sondern auf die Kraftschlüssigkeit der einzelnen Bestandteile untereinander, wie auch die Dimensionssteifigkeit der mit einer ausreichenden Eigenfeuchte versehenen Hautplatte bzw. einer flächig verleimten Matrize u.a.m. geachtet werden muss. Danach richtet sich dann auch die fachliche Begutachtung eines Sichtbeton-Sachverständigen.

Beseitigung

Sofern Farbtonschattierungen im Zusammenhang mit Schatteneffekten einer Sichtbetonstruktur nur bedingt optisch störend wirken und man damit rechnen kann, dass witterungsbedingt und über anfallende Luftverschmutzung mittelfristig eine Vereinheitlichung des Erscheinungsbilds zu erwarten ist, bedarf es keiner Nachbehandlung. Hier sollte man zumindest den Zeitraum der Gewährleistung abwarten, um feststellen zu können, ob und inwieweit mit der Austrocknung des jungen Betons eine Grautonangleichung erfolgt.

Sind die Farbtongegensätzlichkeiten intensiver, ist also die Beanstandung berechtigt, so bietet sich auch hier die Oberflächenvergütung in Form einer Betonkosmetik.

Vorbeugung

Das Gesamtelement muss in sich sowie die einzelnen Bestandteile untereinander auf ihre Aufgabenstellung hin angepasst werden. Dabei spielen, sofern es sich um die Kombination von Stahl, Massivholz und Holzwerkstoff handelt, also um Materialien, die unterschiedliche Ausdehnungskoeffizienten haben, sowohl die konstruktiven Bindeglieder also auch die Eigenfeuchten des Massivholzes und des abgesperrten Materials eine maßgebliche Rolle für das Stehvermögen und die Dimensionsstabilität. Es ist unmöglich, hier im mittleren Bereich, also bei 18 %, eine gemeinsame Ausgangsbasis zu gewährleisten, d. h. Schwind- und Quellmaße so gering wie möglich zu halten.

2.13 Farbtonabweichung – durch partielle Sedimentation

Schadensursache (Betonverarbeitung)

Bei der Vielfalt der möglichen Farbtonschattierungen ist die verdichtungsbedingte Sedimentation nur eine Mängelerscheinung, doch erfahrungsgemäß die häufigste. Sie steht im engen Zusammenspiel mit glatten Schalungen, insbesondere dann, wenn diese infolge mangelnder Kraftschlüssigkeit zur Unterkonstruktion im Zusammenhang mit der Betonverdichtung Eigenschwingungen entfalten.

Infolge dieser Schalungsvibration und ihrer Oberflächenglätte ergeben sich partielle Sedimentationen, d. h. Ansammlungen des Feinstkornes, also der Partikel von 0 bis 0,25 mm. Geht man lt. DIN 1045-2 [1.3.2] bei Sichtbeton, also im Zusammenhang mit einem Größtkorn von 16 mm, von einem ordnungsgemäßen Mehlkornanteil mit etwa 450 kg/m³ aus, legt gemäß Sieblinie einen Zuschlaganteil von ca. 4 bis 5 % zugrunde, das sind etwa 80 bis 100 kg/m³, so bleibt ein Zementanteil von rund 360 kg/m³. Das besagt, dass eine Sedimentation im Oberflächenbereich weitgehend vom Zementanteil bestimmt wird und bedeutet zugleich eine nicht unerhebliche Minderung des W/Z-Werts, ggf. unter 0,4, was gleichbedeutend ist mit einem Anteil Zement, der nicht oder nur unzulänglich hydratisiert und damit mehr oder minder graublau in Erscheinung treten kann. Mit anderen Worten: Die Optik wird beeinträchtigt.

Gutachterliche Einstufung

Aus technischer Sicht besteht kein Grund für eine Mängelrüge. Im Gegenteil, eine derartige Erscheinung ist ein Zeichen dichten Oberflächengefüges.

Optisch ist eine derartige Erscheinung in Anbetracht des geforderten Sichtbetons für den Auftraggeber nicht zumutbar und rechtfertigt eine Beanstandung, zumindest aber eine angemessene Sichtbeton-Wertminderung.

Beseitigung

Um weitergehenden Wertminderungsforderungen vorzubeugen, sollte ein deckender material-, d. h. betonfremder Anstrich grundsätzlich vermieden werden.

Zunächst soll es darum gehen, auf dem Wege einer „Vernebelung", indem man die Wand mit Wasser besprüht, eine Nachhydratation und eine kalkbezogene Aufhellung der grau schattierten Betonfläche zu erreichen. Hilft das nicht oder nur unzureichend, dann gilt es, die Fläche mit modifiziertem, kunstharz-, sprich emulsionsgebundenem Zementleim abzurollen, wobei der Farbton durch Einsatz entsprechender Zemente – ggf. mit Weißzement gemischt – bestimmbar ist. Diese materialgleiche, auf Zementbasis beruhende Oberflächenvergütung ist preiswert und gibt über die Hydratation die Gewähr einer echten Materialverbundenheit im Sinne des anfänglichen geforderten Sichtbetons. Sie ist von Dauer – praktische Erfahrungen weisen eine Lebensdauer modifizierter Oberflächenvergütungen von **mehr als 20 Jahren** auf – und schalten evtl. Wertminderungsforderungen aus. Die Rezeptur ist einfach. Die Qualität wird durch die Wahl der Kunstharzdispersion, sprich Emulsion, bestimmt. Die Mischungsverhältnisse sind den Informationshinweisen der Dispersionshersteller zu entnehmen. Auch lassen sich u. U. „offene Stellen", z. B. Nestansätze, über den Einsatz modifizierter Mörtel, bei denen das Materialgefüge durch Quarzzuschläge bestimmt wird, materialgerecht schließen und dann wie oben vorgestellt überschlämmen. Materialfremde Sanierungen sind nicht zu empfehlen.

Vorbeugung

Da eine der Ursachen im geringen Rauigkeitskoeffizient der Schalungsoberfläche im Zusammenhang mit verdichtungsunwilligem Beton in zu hohen Schüttlagen – hier siehe DIN 4235 [1.7] – oder auch zu großen Schütthöhen zu suchen ist, sollte die Baustelle bemüht sein, die entsprechenden Vorschriften (DIN 4235) einzuhalten. Zugleich muss für eine kraftschlüssige, schwingungsfreie Schalungskonstruktion gesorgt werden und bei hohen Baukörpern der Pumpbeton mittels Hosenrohr kontinuierlich eingefüllt werden. Im Zusammenhang mit der Verdichtung sollten Frequenzüberschneidungen vermieden werden. Außenrüttler sind nur mit Vorsicht einzusetzen. Innenrüttler sind entsprechend ihrer Aktionsradien einzusetzen: zügig tauchen, langsam ziehen. Wichtig sind ausreichende Betondeckung und entsprechende seitliche Bewehrungsabstände, um mit dem materialbedingten Bewegungsspielraum die Verdichtungswilligkeit des Betons zu fördern.

2.14 Farbtonabweichung – durch unterschiedliche Materialien

Schadensursache (Betonverarbeitung)

Farbtongegensätze, flächig oder partiell, können die unterschiedlichsten Ursachen haben. Entscheidend ist beim Neubau die Tatsache der Gewährleistung und hier, im Zusammenhang mit einer materialfremden Überarbeitung für den Auftragnehmer, die Gefahr der Minderung des Sichtbetonzuschlages. Die Industrie bietet im sog. „Sanierungsprogramm" eine Vielzahl von Imprägnierungen und Lasuren an, die sicherlich in ihren fachgerechten Überarbeitungen ihre Rechtfertigung haben, bei der Neubaubetonfläche aber von finanziellem Übel sein können.

Hier muss es um die Wahrung zweier Fakten gehen: Erstens die noch relativ frische Neubaubetonfläche als Träger einer materialgleichen, d. h. einer kunstharzvergüteten, sog. modifizierten, hydraulisch abbindenden Zementschlämme, ggf. auch mineralisch, also mittels Quarzmehl oder Feinstkorn angereichert, zu nutzen, um zweitens damit eine atmungsaktive Methode zu praktizieren, um der im Beton eingeschlossenen Feuchtigkeit eine Diffundierungsmöglichkeit zu geben. Dass dabei der Träger saugend, also offenporig sein und zweckmäßigerweise eine auf gleicher Basis beruhende Grundierung vorgelegt werden muss, ergibt sich von selbst. Ggf. ist die Fläche bei langfristig erstellten Neubauten vorher Dampfzustrahlen.

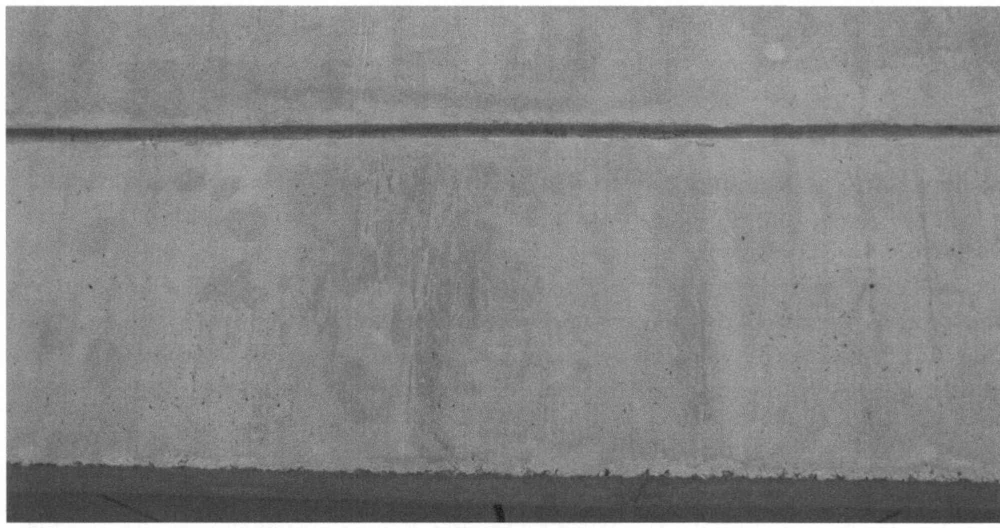

Abb. 2.14–1   Farbtongegensätze aufgrund Spachtelung

Gutachterliche Einstufung

Die fachliche Beurteilung ergibt sich im Zusammenhang mit Sichtbeton mit der gestalterischen Auflage im Sinne einer Originalbetoneinheit besonders dann, wenn deren Lebhaftigkeit es weitgehend zu wahren gilt.

Diese Möglichkeit, die bereits bei der Verwendung mod. Zementschlämme von der fachlichen Handhabung abhängt und optischer Zugeständnisse bedarf, ist bei deckenden Anstrichen verwirkt.

Die Argumentation, wonach derartige materialgleiche Vergütungen nur eine kurze Lebensdauer haben, ist bei materialgerechter Verfahrensweise ungerechtfertigt. Dafür zeugen Bauwerke, deren Flächen von mehr zwei Jahrzehnten mit mod. Zementschlämme behandelt wurden und, abgesehen von normaler witterungsbedingter Verschmutzung, eine einwandfreie Oberflächenbeschaffenheit aufweisen.

In diesem Sinne kann die gutachterliche Einstufung einer kunstharzvergüteten Zementschlämme fachlich nur positiv bewertet werden. Die Anlehnung diesbezüglicher industrieller Fertigprodukte, mit deren Entwicklung man weiterhin rechnen muss, ist bei Neubauten, also im Gewährleistungsbereich, fachlich gleichfalls gutzuheißen und evtl. Anstrichen vorzuziehen. Anwendungstechnische Einzelheiten sind hier mit der Bau-Chemie abzustimmen. In jedem Fall ist es notwendig, die Leistungen von geschulten „Betonkosmetikern" durchführen zu lassen.

Beseitigung

Modifizierte Schlämme bzw. kunstharzvergüteter Zementmörtel müssen strukturell verankert werden, d. h., die Saugfähigkeit des Trägers muss verbessert werden, um über eine gleichartige Grundierung den Verbund zur Schlämme bzw. zum Mörtel sicherzustellen. Beide Arbeitsgänge müssen Nass-in-Nass erfolgen und es ist sinnvoll, zur Abstimmung der Farbtönung eine Probefläche anzulegen. Die Aufhellung der abschließenden modifizierten Zementschlämme erfolgt vorrangig mit Weißzement, zusätzlich mit Titandioxid oder bei farbigen Ausführungen durch entsprechende Pigmente. Vorab sollte man mit dem bauchemischen Hersteller des verwendeten Produkts Kontakt aufnehmen.

Vorbeugung

Farbtongegensätze bzw. -schattierungen sind oftmals nicht zu vermeiden. Das gilt insbesondere bei wechselnden Schalungsquerschnitten, vor allen Dingen in Verbindung mit hohen Reibungskoeffizienten, großen Schütthöhen und ungünstig gelagerten Verdichtungsbedingungen, d. h. Frequenzüberschneidungen bei nicht saugenden Schalungen. Hier können Lunker, Schleppwassereffekte, Versandungen bis zur Nestbildung u. a. m. die Folge sein und eine materialgleiche Überarbeitung notwendig machen. Die Vorbeugung beschränkt sich demzufolge auf das Bestreben, fach- und materialgerecht zu arbeiten, um die o. a. Mängel auf ein Mindestmaß einzuschränken.

Hilfreich ist zudem in solchen Fällen, wenn man den Planverfasser von praxisfremden Forderungen abbringen konnte.

2.15 Farbtonabweichung – durch punktförmige graue Flecken

Schadensursache (Betonverarbeitung)

Dekorative, also nicht statisch fungierende Stahlbetonstützen, wurden im Fertigteilwerk erstellt. Es handelte sich um anspruchsvolle Sichtbetonelemente mit mehr oder minder reiner Transportbewehrung in Form von Eckstäben und Bügeln.

Die Schalung der ca. 8 m hohen Stützen war in der Halle horizontal, hochkant angeordnet, wobei ein Rütteltisch zur Anwendung kam. Aber auch partielle Rüttler innen oder außen hätten eingesetzt werden können.

Wichtig ist bei derartigen Verarbeitungsmethoden eine auf die glatte Schalung abgestimmte Betonkonsistenz und Verdichtungsdosierung. Dafür gibt es kein festes Konzept, sondern es kommt auf praktische Erfahrung an. Dabei muss daran gedacht werden, dass die Grobkörner bei zu plastischem Beton und zu intensiver Verdichtung aus rein physikalischen Gründen bis zur Basisschalung absinken können und dass keine Bewehrung sie aufhält.

Im vorliegenden Fall war es zu einem solchen Absinken der Grobkörner gekommen.

Die Bodenschalung der etwa 30/40 cm Rechteckschalungskörper, also die vordere Sichtfläche, war die Endstation der über eine zu intensive Verdichtung nach unten wandernden Grobzuschläge und zwar in Gemeinsamkeit mit den über die Eigenvibration der Schalung angezogenen Mehlkornbestandteilen, die mit Zement angereichert waren, d. h. einem überschüssigen Kalkangebot.

Wegen wechselhafter Außenfeuchte, dem nach außen wandernden Kalküberschuss und dem witterungsbedingten CO_2-Angebot ergab sich eine intensive Betonflächenaufhellung infolge der partiellen Veränderung des Wasserzementwertes. Dort, wo grobe Zuschläge unmittelbar im Bereich der Schalung lagen, ergab sich ein Unterangebot an freiem Kalk, d. h. war eine mehlkornbedingte Oberflächenkarbonatisierung, sprich Aufhellung, nur geringfügig möglich und waren Dunkelgrautonflecken die normale Folge der umliegenden Aufhellung.

Dieser Effekt zeigt sich ausschließlich im Basisbereich von Schalkörpern, da gewichtsmäßig bedingtes Absinken der Maximalzuschläge im seitlichen Bereich infolge der glatten Schalflächen nicht gebremst, geschweige denn aufgehalten wird. Somit lag die Ursache der Flecken im sedimentationsbedingten unterschiedlichen Angebot an Mehlkorn und im differierenden W/Z-Wert des vorderen Oberflächenbereichs.

Gutachterliche Einstufung

Technisch ergibt sich keinerlei Beanstandung, optisch dagegen ist eine Mängelrüge im Hinblick auf die Beeinträchtigung des Sichtbetons und die nachweislich fach- und materialwidrige Herstellung der Stützen uneingeschränkt berechtigt. Mit einer Wertminderung allein wird dieser Schaden nicht angemessen gewürdigt.

Beseitigung

Eine derartige Erscheinung ist eine Aufgabe für eine Betonkosmetik. Sicherlich ist eine Lasur eine Lösung, sicher aber nicht die für den Hersteller zweckmäßige, denn erfahrungsgemäß steht am Ende eine Wertminderung mit dem Argument, dass ursprünglich ein „zeitloser" Sichtbeton vorgesehen war und nunmehr alle paar Jahre eine „Schönheitsbehandlung" unumgänglich ist (die man bezahlt haben will). Es kann also nur darum gehen, eine materialgerechte, d. h. betonverwandte Überarbeitung vorzunehmen und zwar auf der Grundlage einer kunstharzvergüteten, sog. modifizierten Zementschlämme, bei der man sich im Gegensatz zu industriellen Fertigerzeugnissen jeden Farbton beliebig von Weiß bis Dunkelgrau wählen kann.

Bezüglich der Lebenserwartungen, bei denen man gezielte Oberflächenvergütung über die Hydratation des Zementes zum festen Bestandteil des Betonträgers wird, liegen Beständigkeitsnachweise über Jahrzehnte vor. Da Zement der Hauptbestandteil der Schlämme ist, ergeben sich bezüglich Alkaliverträglichkeit gar keine Probleme. Zu empfehlen ist im Interesse einer langfristigen optischen Ansehnlichkeit eine zusätzliche Hydrophobierung auf Siloxanbasis, besonders dann, wenn die Oberflächenvergütung mit Weißzement vorgenommen wird.

Vorbeugung

Solche Schäden würde eine dem Querschnitt und der Schalung angepasste Betonkonsistenz vorbeugen, die verständlicherweise bei einer rauen Brettschalung anders, d. h. plastischer sein kann und muss als bei einer reibungsarmen, glatten Schalung. Gleicherweise muss sich auch der Verdichtungsaufwand den Beton- und Schalungseigenschaften anpassen. Zusätzlich ist man gut beraten, Sichtbetonstützen zu hydrophobieren, um über der Feuchtigkeitssperre von außen eine Strukturkarbonatisierung und damit eine Versinterung, sprich Betongefügeabdichtung im Inneren, also unter der Oberfläche, zu bewirken. Das bedeutet zugleich eine optimale Farbtoneinheitlichkeit des Sichtbetons.

2.16 Farbtonabweichung – durch unterschiedliche Zemente

Schadensursache (unterschiedliche Zemente)

Der Einsatz nach Art und Hersteller unterschiedlicher Zemente kann die Einheitlichkeit des Farbtones bedingt durch Rohstoff oder Rezeptur genauso infrage stellen wie die Verwendung verschiedenartiger Gesteinskörnungen im gleichen Objekt, insbesondere im Flächenbereich. Mit anderen Worten: Bei Sichtbetonflächen gilt generell die Devise des nach allen Richtungen gleich gelagerten Betonaufbaues. Dabei kann es durchaus u. a. für das Farbtonergebnis eine Rolle spielen, ob man sich eines hellen oder dunkleren Zementes, eines Portland- oder eines Hochofenzementes bedient.

Dass dabei u. U. auch der W/Z-Wert von Einfluss sein kann, ergibt sich von allein, und auch hier gilt das Gesetz der Übereinstimmung.

Gutachterliche Einstufung

Es handelt sich hier um eine rein optische Beurteilung, sofern die technischen Werte nicht eine zusätzliche Abwertung ergeben, z. B. wegen eines zu hohen W/Z-Wertes und damit eines Übermaßes an Kapillarporen zulasten des Gefüges. Optisch hängt die Minderung vom Grad der Gegensätzlichkeit der Farbtöne bzw. deren farblicher Wiedergabe und von der Positionierung der beanstandeten Flächen ab. Differenzen im gleichen Flächenbereich stellen zweifelsfrei eine berechtigte Mängelrüge dar und ergeben zumindest den Abzug des Sichtbetonzuschlages. Liegen die Farbkontraste dagegen auf zwei einander abgewandten Seiten und sind farblich in sich zu vertreten, ist es Ermessenssache des Sachverständigen, die Frage der Wertminderung zu beurteilen.

Mit anderen Worten – und das gilt für alle rein optischen Mängel: In der gutachtlichen Einstufung müssen objektbezogen individuelle Gesichtspunkte berücksichtigt werden, die grundsätzlich nur von neutraler Seite eines Sichtbeton-Sachverständigen kommen können.

Achtung: Nach dem DVB-Merkblatt „Sichtbeton" sind „gleichmäßige" Hell-, Dunkelverfärbungen je nach Sichtbetonklasse **zulässig**.

Beseitigung

Zunächst stellt sich die Frage, ob und in welchem Zeitraum erfahrungsgemäß mit einer evtl. witterungsbedingten Anpassung der optischen Gegensätzlichkeiten zu rechnen ist und ob sich dennoch ein größerer, vor allen Dingen finanzieller Aufwand rechtfertigt und lohnt. Schließlich hängt davon auch die finanzielle Zuständigkeit ab. (Achtung: „Beschaffenheitsvereinbarung")

Ist die Nacharbeit fachlich zu vertreten, kann es sich im Sinne des ursprünglich eingeplanten Sichtbetons nur um eine mineralische, hydraulisch abbindende Oberflächenvergütung mittels sog. modifizierter, d. h. kunstharzvergüteter Zementschlämme handeln. Diese wird auf einen vorgeschalteten Haftgrund gleicher Grundlage aufgetragen und ggf. mit Quarzmehl leicht angedickt. Bei einer solchen Maßnahme, deren Kosten selbstverständlich der Rohbauunternehmer zu tragen hat, entfällt eine Wertminderung, wie z. B. der Abzug des Sichtbetonzuschlages.

Anders dagegen bei einem materialfremden, reinen, eventuell farbigen Kunstharzanstrich: Hier obliegt dem Auftragnehmer nur die Erstattung der Kosten für eine modifizierte Oberflächenvergütung, die mit Sicherheit erheblich billiger sein dürfte. Eine Wertminderungsforderung wegen späterer, sich wiederholender „Schönheitsreparaturen", also Erneuerung des Anstrichs, ist dann nicht gerechtfertigt.

Vorbeugung

Eine optimale Gewährleistung einheitlichen Sichtbetons bietet sich sowohl mit der materialbezogenen Harmonisierung, d. h. gleiche Ausgangsstoffe, und Berücksichtigung technischer Notwendigkeiten, wie z. B. eine im Sinne der Betonbewegungsfreiheit ordnungsgemäße Betondeckung, eine beton- und schalungsbezogenen Entlüftung usw.

Es fällt allein in die Verantwortlichkeit des Unternehmers, für die Übereinstimmungen von Zement, Gesteinskörnung und Betonrezeptur zu sorgen. Wenn dann noch die Handhabung des Betons stimmt, unter Berücksichtigung der Schalungsindividualitäten, wie Rauigkeitskoeffizient, Saugfähigkeit im Sinne eines zulasten der Betonoberfläche gehenden Feuchtigkeitsanspruches u. a. m., steht einem ausgeglichenen Sichtbetonergebnis nichts im Wege. Dabei sollte man sich darüber klar sein, dass planeben-glatte Betonflächen „sensibel" sind und eine **absolute** Farbgleichmäßigkeit **nicht** zu gewährleisten ist!

2.17 Farbtonabweichung – durch unterschiedlich verlängerte Trennmittelkonzentrate

Schadensursache (Trennmittel)

Auf dem Markt werden z. T. physikalisch-chemisch wirkende Trennmittel angeboten, die als Konzentrate mit dem Hinweis auf eine notwendige Verlängerung im Mischungsverhältnis von z. B. 1:5, 1:6 o. Ä. versehen sind.

Sofern dieser verarbeitungstechnische Hinweis nicht sorgfältig beachtet wird, d. h. die Mischungen voneinander auch nur geringfügig differieren, muss von Element zu Element mit einer Farbtongegensätzlichkeit und damit einer optischen Beeinträchtigung gerechnet werden, die u. U. im Widerspruch zur einheitlichen Sichtbetonforderung steht und zur Mängelrüge führen kann.

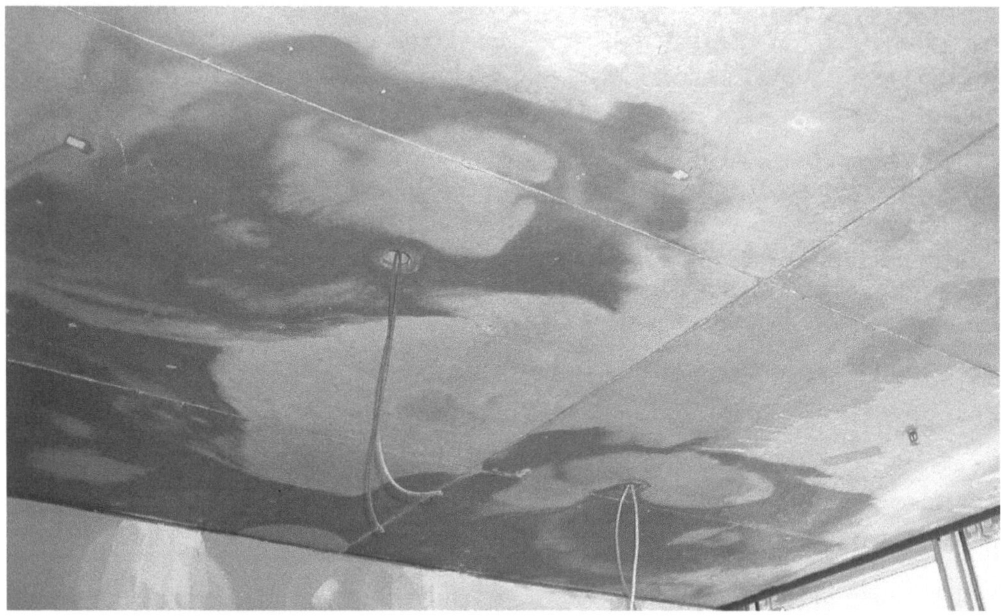

Abb. 2.17–1   Farbtongegensätze

Gutachterliche Einstufung

Sofern der o. a. Nachweis einer materialwidrigen Handhabung zweifelsfrei nachgewiesen ist, ergibt sich die Verantwortung des Elementherstellers, der damit auch die
nachfolgenden Kosten der evtl. Überarbeitung zu tragen hat. Sofern der Bauherr auf
eine Nacharbeit in der Hoffnung verzichtet, von einer witterungsbedingten Farbtonneutralisierung ausgehen zu können, sollte er zumindest über die Dauer der Gewährleistungszeit berechtigt sein, den Sichtbetonzuschlag einzubehalten.

Sucht er dagegen diese Gelegenheit als Anlass zu einem Anstrich, so steht dem zwar
nichts im Wege, doch ist der Rohbauunternehmer nur zur Übernahme der Kosten
verpflichtet. Ggf. sollte hier ein Sichtbeton-Sachverständiger hinzugezogen werden.

Beseitigung

Die Rechtfertigung einer ganzflächigen Überarbeitung hängt von dem Grad der Farbtongegensätzlichkeit ab. Denn erfahrungsgemäß liegen die Farbnuancen relativ dicht
nebeneinander. Wenn der Bauherr jedoch darauf besteht, kann nur die Anwendung
eines modifizierten Zementleimes angewandt werden. Dieser braucht nur für die

unmittelbar betroffenen Platten im Farbton angeglichen zu werden, wobei natürlich die handwerkliche Leistung gewährleistet sein muss und es möglicherweise einer gleichartigen Grundierung bedarf.

Vorbeugung

Diese kann durch sorgfältige Einhaltung des genauen Mischungsverhältnisses des Trennmittels und dessen genaue Dosierung erreicht werden.

2.18 Farbtonabweichung – durch Klebewirkungen

Schadensursache (Trennmittel)

Bei den Trenn- oder Entschalungsmitteln hat man es mit Erzeugnissen zu tun, die sich einerseits der Eigenart der Schalhaut, saugend oder nicht saugend, anpassen müssen, d. h. fach- und materialgerecht gemäß der Hinweise des Herstellers verarbeitet werden müssen. Die Aufgabenstellung von Trennmitteln ist eindeutig:

a)   Funktionsgerechte Trennung von Schalung und Betonfläche,

b)   ein gleichmäßiges, im Farbton einheitliches Betonbild unterstützen helfen, wobei Betonmängel, z. B. Sedimentationen, außerhalb der Verantwortung eines Trennmittels liegen, sofern es materialgerecht verarbeitet wurde, und

c)   die Lebensdauer der Schalhaut durch Materialkonservierung erhöhen.

Auch wenn die Informationsunterlagen der zahlreichen Trennmittelhersteller es glauben machen wollen, ein universell verwendbares Entschalungsmittel für saugende und nicht saugende, für Holz-, Stahl- und Kunststoff-Schalungen für Ortbeton- und ggf. beheizte Fertigteilschalungstische u. a. m. kann es nicht geben. Man ist als Unternehmer also gut beraten, sich an eine Firma der Bau-Chemie zu wenden, die weitgehend funktionsträchtige, also schalungsangepasste Materialien anbietet, und sollte sich durch entsprechende Referenzen absichern.

Für die ordnungsgemäße Handhabung jedoch, dem gleichmäßigen Verteilen und sparsamen Auftrag nach Empfehlung des Herstellers, ist allein der Verarbeiter verantwortlich. Eine mit überdosiert angewendetem Trennmittel ungleichmäßig behandelte, nicht saugende Schalung, deren Entschalungsmittel ggf. noch chemisch reagierend wirkt, kann keinen zufriedenstellenden Sichtbeton ergeben. Hier wirkt sich der Klebeeffekt nachteilig aus, und es kann zudem damit gerechnet werden, dass die gezielt hydratationsstörende Wirkung des Trennmittels, die das Ausschalen erleichtert, besonders bei großen, nicht saugenden Schalungsflächen unterschiedliche Vermehlungen nach sich zieht.

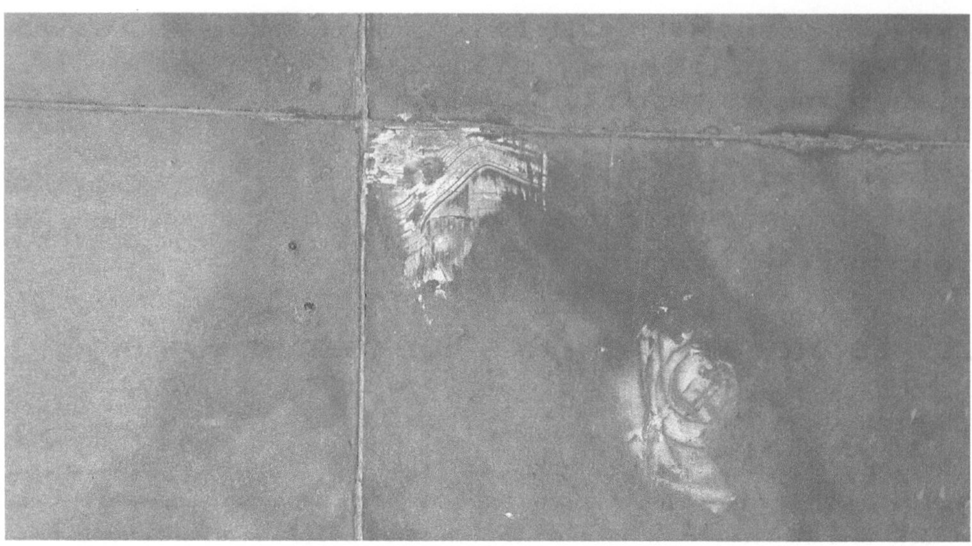

Abb. 2.18–1   Schuhabdrücke auf der Schalung und deren Auswirkung auf die Sichtbeton–
Deckenflächen.

Gutachterliche Einstufung

Nur an der späteren Wirkung des Trennmittels im Zusammenhang mit der strukturellen Eigenart der Schalhaut ist zu ermitteln, worin die Ursache des Schadens, z. B. einer intensiven Vermehlung, liegen kann.

Ist der Fehler nachweislich, liegt die Schuld mehr oder minder beim Verarbeiter. Sind jedoch die Hinweise der Arbeitsanleitung praxiswidrig oder nur bedingt ausführbar, wie z. B. ein 5 g/m² Auftrag bei einer saugenden Schalung, so fallen die Auswirkungen auf den Hersteller zurück und damit, zumindest zum Teil, die nachfolgenden Kosten für die Reparatur.

Beseitigung

Die Frage nach der richtigen Beseitigungsmaßnahme von überdosiert eingesetzten Trennmitteln, die z. T. vom Beton aufgenommen wurden, und die eine Mängelrüge rechtfertigen, kann nur vom Trennmittelhersteller beantwortet werden. Mängel, z. B. bei einer Fettüberdosis, sind relativ leicht mittels Löschblatt und Wärme oder mittels Lösungsmitteln nachzuweisen. Beim Lösungsmitteleinsatz allerdings ergibt sich die Gefahr des Abwanderns der Fette in das Gefügeinnere. Es ist demzufolge immer ratsam, sich mit einem Chemiker aus der Firma des Trennmittelherstellers zu beraten.

Vorbeugung

Einsatz von erprobten Trennmitteln langjähriger Hersteller, ggf. unter Heranziehung eines Anwendungstechnikers. Richtige Einschätzung der jeweiligen Schalungssituation nach Material und Verwendungsart. Ggf. Erfahrungsaustausch mit Kollegenfirmen oder Einholen von Referenzen. Gewissenhafte Anwendung und strikte Einhaltung der Anwendungshinweise des Herstellers „Produktberatung".

2.19 Farbton – Mangelbeseitigung

Schadensursache (Betonverarbeitung)

Farbtongegensätze können vielseitigen Ursprungs sein und zum Teil an unterschiedlichen Mörteln liegen. Bei Neubauten kann die Gewährleistung gem. VOB/B § 13 Abs. [1.6] in Anspruch genommen werden und deshalb sollte der betroffene Auftragnehmer bemüht sein, Betonflächenfehler **materialgleich** zu überarbeiten, um damit späteren Wertminderungsforderungen, z. B. Unterhaltungsarbeiten bei Farbanstrichen o. a. m., rechtzeitig entgegenzutreten. Es gibt Objekte, die mit kunstharzvergüteten Zementschlämmen oder -mörteln verarbeitet wurden, bei dem der Zement das hydraulische Bindemittel darstellt und die Fassaden im hellen Farbton schadlos mehr als zwei Jahrzehnte überstanden haben. Dass auch dieses Material nach erfahrungsbezogener Vorschrift fachgerecht verarbeitet werden muss, meist unter Vorlage einer auf

Abb. 2.19–1 Farbtongegensätze

gleicher Basis aufgebauten Grundierung, dürfte logisch sein. Entscheidend ist die Tatsache, und hier liegt der oftmals ausschlaggebende Vorteil gegenüber zahlreichen industriellen Fertigmörteln, dass modifizierte Erzeugnisse aufgrund der manuellen Herstellung und des Zementträgers im Farbton anpassbar sind, sofern praktische Erfahrung vorliegt. Es gilt eine Vielzahl weiterer Vorteile technischer und vor allen Dingen ökonomischer Art. Entscheidend aber ist die Möglichkeit der Farbtonanpassung, die vor allen Dingen bei kleineren Mängeln (z. B. Nester) von wirtschaftlicher Bedeutung ist und die Materialgleichheit im Sinne der Ausklammerung von Wertminderungsforderungen.

Gutachterliche Einstufung

Versierte Sichtbeton-Sachverständige anerkennen und bevorzugen mit Sicherheit eine Methode der Ausbesserung, die materialbezogen anpassungsfähig ist und den Auftragnehmer in die Lage versetzt, sich mit der Reparatur unmittelbar auf die Schadensstelle zu beschränken. Dass Materiallieferanten allein aus kommerziellen Gründen daran interessiert sind, ganze Flächen zu überarbeiten, liegt in der Natur der Sache.

Letztlich geht es um die Abwicklung gewährleistungsbezogener Verbindlichkeiten mit der Auflage, mit einem Mindestmaß an Aufwand ein Höchstmaß an Effekt zu erreichen.

Dabei besticht die Tatsache, dass mit der farbtongleichen Flächenvergütung die Betonstruktur des Untergrundes voll erhalten bleibt, wir es demzufolge nach wie vor mit Sichtbeton zu tun haben.

Beseitigung

Diese materialgleiche Methode setzt die strukturelle Saugfähigkeit des Betonflächen-Untergrundes voraus, wie er unter normalen Umständen bei Neubauten gewährleistet ist. Steht das Objekt bereits ein oder zwei Jahre, wurde z. B. der Rohbau aus irgendwelchen Gründen unterbrochen, so kann eine Heißdampfbehandlung zweckdienlich sein. Für die Haftung des Mörtels oder der zweckmäßigerweise mit Quarzmehl angereicherten Schlämme gegenüber dem Untergrund ist eine Grundierung auf der Grundlage wässriger Kunststoffdispersion, also auf gleicher Basis, sinnvoll. Dabei ist zu beachten, dass Nass-in-Nass gearbeitet werden muss, um die Materialverbindung sicherzustellen. Der Farbton ergibt sich mit dem am Objekt angewendeten Zement, welcher im Hinblick auf das feinere und damit dunkler zum Ausdruck kommende Gefüge mit Weißzement aufgehellt werden sollte. Hier hilft u. U. der Reagenzglastest, indem man das Trockengut zusammenbringt, intensiv schüttelt und davon ausgehen kann, dass die abgebundene Schlämme bzw. der Mörtel etwa im gleichen Farbton erscheint. Demzufolge bedarf es einer entsprechenden Abstimmung zur Originalbetonfläche, es sei denn, dass bewusst, z. B. aus gestalterischen Gründen, ein Bereich dunkler oder heller angelegt werden soll.

Vorbeugung

Die beste und sinnvollste Vorbeugung liegt in dem Bemühen, Betonflächen so zu disponieren, dass erst gar keine Schäden entstehen.

Neben den möglichen optischen Auflagen und der Bearbeitung mit modifizierter Schlämme, liegt – technisch gesehen – der Vorteil in der sog. „Atmungsaktivität", d. h., dass die Diffundierung der Betonfeuchtigkeit von innen nach außen unter Einbeziehung einer hydrophobierenden Wirkung gegenüber Niederschlag hinzukommt. Im wahrsten Sinne des Wortes: eine „betonschützende" Oberflächenvergütung mit gestalterischer Dauerhaftigkeit.

Abb. 2.19–2
Sichtbeton-
Oberflächen Ausbes-
serung

2.20 Betongratbildung an Decken

Schadensursache (Betonverarbeitung)

Vorrangig sind es Betongrate an Fugen von Schalungsplatten, die wegen ungerechtfertigten Forderungen nach „Sichtbeton" reklamationsträchtig erscheinen. Wände und Decken sind im technischen Sinne funktionelle Einheiten. Sie haben planebenflächig zu sein in Anlehnung an DIN 18 202 Abs. 5 [1.8], mit entsprechendem Zeilenhinweis in der Leistungsbeschreibung, und müssen nach Zeile 7 „erhöhte Anforderungen" frei von Graten, Warzen und anderen Erhabenheiten sein. Gemäß Zeile 6 können – entsprechend der partiellen Einstufung – sprich 3 mm auf 10 cm – Gratansätze vom Handwerker toleriert werden, sofern sie 1 bis 2 mm nicht übersteigen.

Hinweis: siehe „*Handbuch Sichtbeton* " [3.3]

Derartige Erscheinungen sind während des Rohbaus im Zusammenhang mit der konstruktiven bzw. strukturellen Beschaffenheit der Schalung witterungsabhängig, weil relativ feuchte Platten bei intensiver Sonneneinstrahlung schwinden, d. h. im Fugenbereich Spielräume hinterlassen, die eventuell zu Versandungen, aber mit Sicherheit zu Graten führen können. Bei Massivholzplatten rechnen wir je Prozentpunkt Feuchtigkeitseinbuße mit einem Schwindmaß um 0,2 bis 0,3 %. Das sind bei 5 % Minderung der Eigenfeuchte 1,0 bis 1,5 % Dimensionsminderung, z. B. bei einer Schalungsbreite von 50 cm ein Fugenspielraum von ca. 5 bis 7 mm. Bei Holzwerkstoffplatten, z. B. abgesperrten Furnier-Sperrholz (DIN 68 792), rechnen wir mit einem Schwindmaß je Prozentpunkt Feuchtigkeitsminderung von 0,02 bis 0,03 %. Bei einer Schalungsdimension von 100 cm und wiederum einer Austrocknung um 5 % sind das 1 bis 1,5 mm, genug, um geringe Gratbildungen nach sich zu ziehen.

Abb. 2.20–1   Betongratbildung an Betondecke

Gutachterliche Einstufung

Der fachkundige Sachverständige für Sichtbetonflächen wird zunächst auf die Formulierung der Leistungsbeschreibung achten und eine dementsprechende Qualitätseinstufung vornehmen, unter Berücksichtigung der evtl. vereinbarten „Sichtbetonklasse". Ist Anlass zur Reklamation, d. h. berechtigte Mängelrügen, gegeben, so bedarf es der Abstimmung der Gewerke, des Rohbauunternehmers, um bezüglich der Nacharbeiten auf einen gemeinsamen Nenner zu kommen. Das bedeutet, dass Spachtelarbeiten, die Überarbeitung mit Mängeln behafteter Flächen mit größeren Lunkern, Nestern und Versandungen gegen entsprechende Verrechnung vom „Betonkosmetiker" übernommen werden, Erhabenheiten dagegen, wie Grate, Warzen und Buckel, auf eigene Rechnung vom Betonverarbeiter beseitigt werden. **Achtung:** Nach DBV-Merkblatt „Sichtbeton" sind, je nach Sichtbetonklasse, Betongrate zulässig!

Beseitigung

Es empfiehlt sich, Grate, Warzen unmittelbar nach dem Entschalen im möglichst frischen Zustand mechanisch zu entfernen. Zunächst erreicht man nahtarme Betonflächen durch den Einsatz geometrisch geradliniger, scharfkantiger Platten, bei denen weiterhin auf eine ausreichende Eigenfeuchte geachtet werden muss. Ausreichend ist der Feuchtigkeitsgehalt einer Schalung dann, wenn er im Mittelbereich liegt, d. h. die witterungsbedingten Schwind- und Quellbewegungen ausgleicht. Es ist manchmal sinnvoller, eine leicht übertrocknete Schalung einzusetzen, deren Fugen von der allein vom Beton zu erwartenden Feuchtigkeit zusammengepresst werden, da die Dimensionssteifigkeit einer üblicherweise ca. 21 mm dicken Platte mögliche Verzugstendenzen auszugleichen vermag, als eine zu nasse Platte einzusetzen, das gilt vor allen Dingen für Massivholz, die mit Sicherheit vor dem Betonieren sichtbare Konstruktionsfugen infolge Schwindens erkennen lässt und Beanstandungen vorprogrammiert. Das notwendige reichliche Annässen der trockenen Schalung vor dem Einbringen des Betons wird erfahrungsgemäß durch ein flüchtiges Überspritzen ersetzt.

Abb. 2.20–2 Betongratbildung an Betondecke

2.21 Betongratbildung und Auswaschungen

Schadensursache

Die „Beweglichkeit" einer Holzwerkstoffplatte innerhalb der Ebene hängt weitestgehend vom konstruktiven Aufbau und der Eigenfeuchte bzw. deren einsatzbezogenen Differenz ab.

Wenn wir beim Massivholz, also beim Schalbrett, je nach jahresringbedingter Schnittrichtung tangential 0,24 % und radial 0,12 % je Prozent Feuchtigkeitsdifferenz annehmen, so mindert sich die Dimensionszu- bzw. -abnahme z. B. bei einer Sperrholzschalung auf Werte zwischen 0,02 und 0,03 %. Darin scheint anwendungstechnisch ein Vorteil zu liegen, doch muss man letztlich davon ausgehen, dass auch die Dimension der Schalung im Flächenbereich, im Vergleich zum Brett mit seiner durchschnittlichen Breite von 10 bis 12 cm, mindestens einen Meter beträgt, wobei das meist benutzte Standardformat 250/125 bzw. 125/250 cm beträgt. Das bedeutet trotz der proportionalen Minderung der Beweglichkeit gegenüber dem Brett, dass die Eigenfeuchte einer Sperrholzschalung, die erfahrungsgemäß das Werk mit etwa 12 bis 14 % Feuchtigkeit verlässt, im Einsatz auf dem Bau kontinuierlich auf ca. 30 % steigt, das bei einem Zuwachs von ca. 15 % (15 x 0,025 = 0,375 %). Bezogen auf einen Meter Plattenbreite, also 1000 mm, sind das ca. 3,7 mm. Bei einer nassen Schalung, die, insbesondere wenn sie unvergütet ist und unter intensiver Sonneneinstrahlung vor dem Betonieren, über den Zeitraum der Bewehrung stark ausgetrocknet, kann das einem Schalungsfugenspielraum von ebenfalls ca. 3,7 mm entsprechen. Es genügen aber auch 2 mm, um – je nach flüssiger oder steifer Konsistenz des Betons – Fugenversandung oder Betongratbildung entstehen zu lassen und somit Reklamationen zu provozieren.

Abb. 2.21–1 Betongratbildung und Auswaschungen

Gutachterliche Einstufung

Bei Sichtbeton stellen derartige Erscheinungen vorrangig eine optische oder bei größeren Fugentiefen, geschweige denn weitergehenden Versandungen oder gar Nestbildungen, gegenüber Ansätzen zur Karbonatisierung einen technischen Mangel dar und bedürfen entsprechender fach- und materialgerechter Ausbesserung. Je nach Sichtbetonklasse sind unterschiedliche Abweichungen zulässig.

Der Objektträger jedenfalls kann und muss davon ausgehen, dass insbesondere die großflächigen Hautplatten beim Einsatz fugengeschlossen und demnach die entsprechenden Betonbereiche bündig und sauber sind.

Mehrleistungen wegen Ausbesserung bzw. optische Einschränkungen und die sich daraus ergebenden evtl. Wertminderungen hat der Auftragnehmer zu tragen – je nach Sichtbetonklasse.

Beseitigung

Ausgewaschene Schalungsfugen und dadurch bedingte Versandungen und Nestansätze sind, sofern sie im Widerspruch zur Ausschreibung bzw. zur DIN 18 202 [1.8] und 18 217 [1.10] stehen, materialgerecht zu schließen.

Vorbeugung

Es ist im Vorhinein für eine ausreichende Eigenfeuchtigkeit der Schalungshautplatte bei der Montage bzw. zum Zeitpunkt des Betonierens zu sorgen.

Dabei ist es ratsamer, die Schalungsplatten lieber zu trocken einzusetzen – sofern es sich nicht um dünne Vorsatzschalungen handelt, die genau abzustimmen sind – als sie bei nassem Wetter als Lagerware zu überfeuchten und es so im Einsatz zum Schwinden des Materials kommen zu lassen.

2.22 „Kiesnester" und „offene" Betonflächen T1

Schadensursache

Bei der Erstellung von Sichtbetonflächen sind partielle Versandungen, Schleppwassererscheinungen, Nestbildungen u. a. m. oftmals unvermeidlich. Sie können in Folge materialbezogener Gegensätzlichkeiten von Schalung und Beton sein, ggf. in Verbindung mit unsachgemäß aufgetragenen Trennmitteln oder, u. U. witterungsbedingt, Auswirkungen unsachgemäßer Schalungen, unausgehärteter Phenolvergütung darstellen. Auch muss damit gerechnet werden, dass infolge physikalischer Einflüsse sowohl bei Massivholz als auch im Zusammenhang mit abgesperrten oder gepressten Holzwerkstoffen konstruktive Spielräume zu Zementleimabsonderungen führen, die möglich **farbtongleich** überarbeitet werden müssen, um im Zuge der Gewährleistung keinen zusätzlichen Kostenauflagen in Form von Wertminderungen unterworfen zu sein.

Gutachterliche Einstufung

Im VOB/B § 13 „Mängelansprüche" Abs. 1 [1.6], heißt es unter Position 1: *„Der Auftragnehmer hat dem Auftraggeber seine Leistung zum Zeitpunkt der Abnahme frei von Sachmängeln zu verschaffen. Die Leistung ist zur Zeit der Abnahme frei von Sachmängeln, wenn sie die vereinbarte Beschaffenheit hat und den anerkannten Regeln der Technik entspricht. Ist die Beschaffenheit nicht vereinbart, so ist die Leistung zur Zeit der Abnahme frei von Sachmängeln,*

a) *wenn sie sich für die nach dem Vertrag vorausgesetzte, sonst*

b) *für die gewöhnliche Verwendung eignet und eine Beschaffenheit aufweist, die bei Werken der gleichen Art üblich ist und die der Auftraggeber nach der Art der Leistung erwarten kann."*

Unter Tauglichkeit ist die Gebrauchs- oder Benutzungsfläche zu verstehen. Auch dann, wenn bei sichtbarer Betonfläche die Tauglichkeit auf die Oberflächenbeschaffenheit im Sinne von „Ansehnlichkeit" bezogen ist, wird sie durch Abweichungen rein ästhetischer Empfindungen nicht herabgesetzt.

Beseitigung

Fach- und materialgerechte Ausbesserungen der o. a. Schadensstellen sind dann gegeben, wenn auf materialgleicher, sprich Zementbasis, ausgebessert wird und nicht etwa Reaktionsharzmörtel. Am besten greift man wieder auf den gleichen Zement zurück, ggf. etwas aufgehellt mit Weißzement oder Titandioxid. Damit vermag man den Originalfarbton zu erzielen und auch in der Oberflächenstruktur gleiche Effekte der anschließenden Betonflächen zu erreichen. Erfahrungsgemäß gilt die Regel, ob mit oder ohne Granulat, sprich Quarzsand, dass das Trockengut bezüglich des Farbtons in etwa der abgebundenen Schlämme bzw. dem Mörtel entsprechen soll.

Industriell vorgefertigte Mörtel haben, von evtl. strukturellen Nachteilen im Aufbau, Tendenzen zur partiellen Verfärbung u. a. m. abgesehen den Nachteil, meist nur in wenigen, standardisierten Farbtönen angeboten zu werden und damit u. U. extreme Farbtongegensätze vorzuprogrammieren.

Betonkosmetik soll Fachleuten vorbehalten sein, denen betontechnologische Gesichtspunkte bekannt sind und die damit die Sicherheit geben, **Mängel im Gewährleistungszeitraum** so fachgerecht zu überarbeiten, dass mögliche Wertminderungen bei Sicht- oder technisch funktionellen Betonflächen keinerlei Ansatzpunkte finden.

Vorbeugung

Die dem Material angemessene beste Vorbeugung besteht in einem normgerechten (DIN 1045-1) [1.3.1] Betonaufbau, wobei es im Zusammenhang mit Sichtbeton vorrangig auf die Einhaltung des empfohlenen Mehlkornanteils (0/0,25 mm) ankommen kann. Auch sollte, bauquerschnitts- und schalungsbezogen, die Konsistenz, also die Verarbeitbarkeit stimmen.

Von entscheidender Bedeutung aber ist die Betondeckung – in allen Richtungen – im Sinne einer materialbezogenen **Bewegungsfreiheit für das gesamte Betongefüge** nach DIN 1045-1.

2.23 „Kiesnester" und offene Betonflächen T2

Schadensursache (Betonverarbeitung)

Oftmals werden Kiesnester und ähnliche Mängel im Allgemeinen mit einer unzureichenden Verdichtung des Betons begründet und dabei wird häufig übersehen, dass es noch eine Vielzahl anderer Ursachen gibt, z. B. eine **undichte Schalungsfuge**, die entweder, weil sie falsch konstruiert war oder aufgrund ungünstiger Witterungseinflüsse Betonschlämme austreten ließ.

Gleiche Erscheinungen kann man in Eckbereichen dann beobachten, wenn beide Schalungsschenkel im rechten Winkel enden, anstatt einen Schenkel durchlaufen zu lassen und den anderen möglichst mit einem Schaumstoffstreifen abgedichtet stumpf aufzusetzen. Es kann unter Einfluss der mehr oder weniger voraussehbaren Verdichtungsenergie zu konstruktiven Schalungsspielräumen und wiederum zum Ablauf von Zementleim und in der Folge zu Nestbildungen, Versandungen u. a. m. kommen. Eine weitere Ursache für Kiesnester ist die Bewehrung und deren nicht ausreichender Bewegungsspielraum. Auch hier spielt wieder der Trend zum Subunternehmertum und zur Vorfertigung der Körbe eine Rolle, sodass Schalung, Bewehrung und Betonverarbeitung schwer zu harmonisieren sind. Die Schalung hat konstruktive Spielräume, das Bewehrungsvolumen ist zu groß, die Überdeckung (Größtkorn + 5 mm) zu gering und das oftmals bei einer Konzentration der Armierung, die seitlich schon gar keinen Platz mehr lässt. Schließlich kommt der Beton in F 3-Konsistenz an, fällt – ein „Hosenrohr" hatte man nicht zur Hand oder es war kein Platz dafür – 3 bis 4 Meter frei, entmischt sich unterwegs – die groben Körner hängen fest – und es kommt das eine zum anderen: aus einem Korn wird eine Anhäufung, die Schlämme läuft weiter an der glatten Schalung ab oder auch, unter Einfluss des Rüttlers, hoch, sog. „Schleppwassereffekte" entstehen, und der geforderte Sichtbeton ist nicht mehr gegeben.

Gutachterliche Einstufung

Es handelt sich bei o. a. Erscheinungsbildern um technische Fehler, die, sofern sie im Außenbereich liegen, karbonatisierungsfördernd sind und demzufolge einer material- und fachgerechten Sanierung bedürfen. Dabei ist es durchaus möglich, das ergibt sich an Ort und Stelle, dass eine Betonkosmetik notwendig ist. Weiterhin kann im Falle allgemein unzureichender Betondeckung (die zerstörungsfrei gemessen werden kann) ein sog. merkantiler Minderwert hinzukommen.

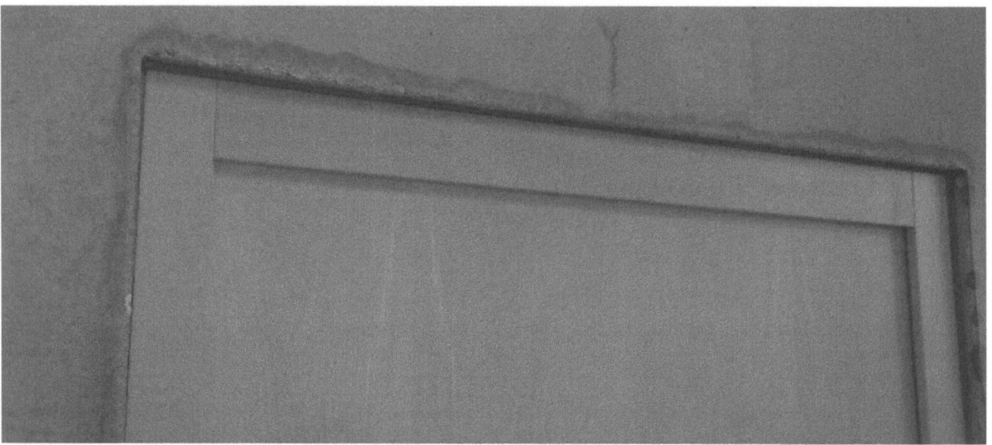

Abb. 2.23–1   Kiesnester an Betonkanten

Beseitigung

Bei der Schadensbehebung ist möglich und vorrangig anzustreben, dass material-gleich, also mittels mod. Mörtel, ausgebessert wird.

Lassen Sie sich anwendungstechnisch beraten, betrachten Sie Referenzobjekte, sprechen Sie vor allen Dingen mit den Bauherren, prüfen oder lassen Sie die Erzeugnisse vergleichsweise untersuchen und wählen Sie das überzeugendste Material.

Vorbeugung

Man muss bereits die Schalungs- und Bewehrungspläne auf ihre Praxisbezogenheit prüfen, die Subunternehmer auf die „Problempunkte" hinweisen und bei anwendungstechnischen Unzulänglichkeiten keine Kompromisse schließen. Die Schalungskonstruktion und die Betondeckungen müssen stimmen, d. h., der Beton muss Platz haben und die Oberflächenschlämme darf keine Lücken finden. Beim Einbringen des Betons sollte eine mögliche Entmischung vermieden werden und die Verdichtung sollte tatsächlich Mittel zum Zweck eines in sich geschlossenen Betongefüges und einer weitgehend lunker- und vor allen Dingen nestfreien Sichtbeton-Oberfläche sein.

Abb. 2.23–2   Kiesnester an Betonkanten

2.24 Kiesnester, Versandungen an Stahlbetonstützen

Schadensursache (Betonverarbeitung)

Insbesondere sehr schlanke Stahlbetonstützen unterliegen ausführungstechnisch einer Reihe schalungs- und betontechnologischer Kriterien, die im Sinne einer ausgeglichenen Qualität vorab zu klären sind. Da ist zunächst eine ungenügende konstruktive Ausbildung der Schalung, indem z. B. im unteren Anschlussbereich keine schaumstoffabgedichtete Überlappung berücksichtigt und keine Reinigungsöffnung angeordnet wurde. Die Folge ist u. U. ein versandeter Stützenfuß, weil die Zementschlämme partiell entweichen konnte. Zudem ist oftmals der Ansatz verunreinigt. Ferner erlebt man immer wieder schalungsseitig stumpf gestoßene Eckausbildungen, anstatt einen Schenkel durchlaufen zu lassen und die mit Schaumstoff abgedichtete Stirnschalung dazwischen zu setzen, um auf diese Weise scharfe konstruktive Anschlüsse (mit Dreikantleisten gebrochene oder scharfe Kanten) zu gewährleisten. Betontechnologisch sollten besonders hohe, schlanke Stützen in Verbindung mit einem „ausreichenden" Überdeckungsspielraum der Bewehrung zu Beginn eine Polstermi-

schung, d. h. unter Ausschluss des groben Kornes, erfahren, da man bei den Folge-
schüttungen mit einem schnelleren Fall der schwereren Zuschläge rechnen muss.
Zudem ist der Beton bei schlanken und hohen Stützen gem. DIN 1045-1 [1.3.1] mittels
„Hosenrohr" einzubringen, um somit auch eine vorzeitige Zementleimbeeinträchti-
gung der oberen Schalungsflächen und einen Siebeffekt seitens der oberen Bewehrungen zu vermeiden. Auch sollte besonders bei nicht saugenden Schalungen und
dem Trend zur Überschneidung der Verdichtungsfrequenzen mit Sedimentationsfol-
gen für einen optimal dünnen und gleichmäßigen Trennmittelauftrag gesorgt werden.
Beim Verdichten sind die Eckbereiche zusätzlich von außen mittels Fäustel nachzu-
klopfen, um über den Mehlkornanteil scharfe Kanten zu erzielen.

Gutachterliche Einstufung

Der Tatsache, dass besonders bei der Herstellung von Sichtbetonstützen bzgl. Material und Verarbeitung einschlägige Fachkenntnisse gefordert sind, gilt das Hauptau-
genmerk des Gutachters. Sofern hier Versäumnisse vorliegen, dass die Ausschreibung
praxisbezogen und widrigenfalls unwidersprochen blieb, trägt der Ausführende allein die Verantwortung und die sich aus den Mängeln ergebenden finanziellen Lasten.

Eine mangelhaft erstellte Sichtbetonstütze ist entsprechend der Aufgabenstellung nur
schwerlich fachgerecht auszubessern und zieht meistens eine allflächige Betonkosmetik nach sich. Erschwerend kommt oftmals hinzu, dass eine Stütze selten allein ist und
im Sinne des Gesamtkonzeptes mehrere gleiche Bauteile aufeinander abzustimmen,
d. h. zu überarbeiten sind. Dementsprechend summieren sich u. U. die Kosten zulasten des Auftragnehmers.

Beseitigung

Sanierungsarbeiten unzulänglich erstellter Stützen, z. B. versandete Kanten, Stützen-
füße, Nestbildungen oder wellenförmig verlaufende Ecklinienführungen, erfordern
besondere handwerkliche Fähigkeiten. Denn sowohl die Anpassung des Ausbesse-
rungsmaterials im Farbton als auch in der Struktur und Konsistenz ist schwierig.

Vorbeugung

Erst wenn alle Materialien, begonnen bei der Schalung und dem Trennmittel, über
eine richtig dimensionierte und positionierte Bewehrung bis zu einem in Aufbau und
Konsistenz stimmigen Beton miteinander harmonieren sowie deren materialgerechte
Verarbeitung gesichert ist, kann mit einem ordnungs- und plangemäßen Erscheinungsbild gerechnet werden.

2.25 Versandete Sichtbetonoberfläche

Schadensursache (Trennmittel)

Saugende Brettschalungen haben im frischen Zustand meist eine zu hohe Eigenfeuchte und tendieren eingeschalt oftmals zum Schwinden. Ihre Trennmittelaufnahme ist mehr oder minder wachstums- bzw. strukturbedingt. Nicht oberflächenvergütete und damit saugende Holzwerkstoffplatten kommen, sofern sie produktionsfrisch sind, meist übertrocknet auf die Baustelle, zumal in einer trockenen Jahreszeit.

Sie haben einen Feuchtigkeitsbedarf, der fälschlicherweise in vielen Fällen durch überdosierten Trennmittelauftrag gedeckt wird. Da es sich bei unvergüteten Holzwerkstoffschalungen, vor allen Dingen Faser- und Spanplatten, aber auch Sperrholzschalungen, um flächig einheitliche bzw. schwach strukturierte Oberflächen handelt, ist auch die Aufnahme eines überdosierten Trennmittels und damit die darauf folgende hydratationsstörende Vermehlung der Betonfläche im gesamten Schalungsbereich wirksam und führt zur Freilegung des feinen Zuschlaggerüstes ähnlich einem Sandstrahleffekt. Da es sich meist um einzelne Platten handelt, wird u. U. der Fassadeneindruck partiell erheblich gestört, zumal gerade diese Partien bei feuchter Witterung zur starken Aufhellung neigen können. Die unmittelbare Ursache dafür ist einerseits eine saugende, übertrocknete und flächig einheitliche Holzwerkstoffschalung und zum anderen die Überdosierung eines physikalisch-chemischen Trennmittels mit stark hydratationsstörender Wirkung.

Gutachterliche Einstufung

Da hier eindeutig materialbezogene Verarbeitungsfehler der Baustelle vorliegen, liegt die Verantwortung allein bei der ausführenden Firma, sei es der Rohbauunternehmer oder der Subunternehmer für die Schalung, welche die sich daraus ergebenden Kosten zu tragen haben.

Beseitigung

Sofern nach wie vor lose, vermehlte Bestandteile die Sichtbetonfläche beeinträchtigen, gilt es, über eine Fluatierung o. ä. für eine offenporige Mineralisierung zu sorgen. Dabei sollte die Griffigkeit der Oberflächenstruktur bewahrt bleiben, um anschließend auf Grundlage kunstharzvergüteten, hydraulisch abbindenden Zementfeinmörtels, im Sinne eines rauen Sichtbetons, einen Feinputz auszurollen. Hier kann sowohl ein manuell als auch ein industriell erstellter, mineralischer Fertigmörtel zum Zuge kommen. Da gegenüber den benachbarten Flächen ein optischer Gegensatz zu erwarten ist, bedarf es, zumindest für die jeweilige Flächeneinheit, einer im Farbton angepassten Überarbeitung mittels modifizierter Zementschlämme.

Vorbeugung

Besonders bei werkseitig, in trockener Jahreszeit angelieferten Holzwerkstoffplatten mit saugender Oberfläche ist für eine ausgeglichene, ca. 18 % betragende, Eigenfeuchtigkeit zu sorgen und hydratationsstörende Trennmittel sind sparsam zu dosieren und gleichmäßig aufzutragen.

2.26 Schalungsrückstände und Rostverfärbung an Deckenuntersichten

Schadensursache

Was für die Wand mit ihren großflächigeren Einheiten gilt, empfiehlt sich besonders für den Deckenbereich, nämlich die Gewährleistung optimaler Planebenflächigkeit, bedingt einerseits durch eine mit konventionellen Holzträgern oder konstruktiven Systembestandteilen im Niveau gewissenhaft abgestimmte Höhenausrichtung der Auflagerelemente und andererseits fugendicht verlegte Hautplatten.

Die oberseitige, konstruktive Geschlossenheit bestimmt beim System der dimensionsstabilen Rahmen und im Falle konventionellen Schalens mit 3-fach abgesperrten Nadelholzplatten oder hochwertigeren Sperrholzeinheiten, deren ausgeglichene Eigenfeuchte im mittleren Bereich, um über evtl. witterungsbedingtes Schwinden Fugenspielräume, Undichtigkeiten und ihre möglichen Folgen, wie Betongrate, Versandungen o. a. m., zu vermeiden. Auch die Gemeinsamkeit bereits vielfach verwendeter alter Hautplatten mit neuen kann partiell zu Absätzen führen. Ein „Schönheitsfehler", mit dem die Praxis immer wieder konfrontiert wird, sind „Rostverfärbungen an Deckenuntersichten, wobei baustellenseitig oftmals darauf hingewiesen wird, dass diese Braunstreifen „abgeregnet" seien. Diese Argumentation ist eindeutig falsch, denn ursächlich sind die Rostabdrücke zurückzuführen, dass die korrosionsbelasteten Stähle vor Einsatz der Abstandhalter für Sekunden auf der trennmittelbedingt klebenden Schalung gelegen haben, wobei sich die Rostabzeichnung zwangsläufig ergab. Dass dem so ist, beweist bei Bewehrungsmatten die Tatsache, dass sich, von Ausnahmen abgesehen, stets nur die untere Lage markiert.

Abb. 2.26–1   Schalungsrückstände an einer Decke

Gutachterliche Einstufung

Entsprechend der Planebenflächigkeitsforderung des LV`s kann eine nachlässig ausgeführte konventionelle oder System-Deckenschalung in ihrer Reproduktion einen berechtigten Mangel darstellen. Das gilt sowohl gegenüber evtl. Absätzen, Gratbildungen oder Versandungen wie auch für Rostspuren. Verantwortlich ist jeweils die ausführende Firma. Maßgebend ist für die Planebenflächigkeit allein DIN 18 202, Zeile 6 oder 7 [1.8] bzw. die vereinbarte Sichtbetonklasse – je nach Forderung der Leistungsbeschreibung – sofern keine höheren Forderungen verlangt werden.

Beseitigung

Unebenheiten, sofern sie die Belange der DIN 18 202 [1.8] überschreiten, bedingen ggf. eine partiell flächige Ausgleichsspachtelung. Überstehende Gratbildungen können mechanisch beseitigt werden. Rostrückstände sollten dem „Betonkosmetiker" gegen Vergütung des Mehraufwandes überlassen bleiben.

In eigener Regie sind die ggf. durch entsprechende Säurebehandlungen, z. B. auf Phosphatbasis mit intensivem Nachspülen, zu beseitigen. Eine entsprechende Abstimmung mit der Bau-Chemie ist ratsam, da von ihr diverse Fertigprodukte angeboten werden.

Vorbeugung

Vorrangig der Deckenschalung, handelt es sich um eine konventionelle oder eine Systemschalung, ist besondere Sorgfalt bzgl. der Schalungsauswahl, der Feuchtigkeitsabstimmung und der konstruktiven Ausbildung zu widmen, da hier mit der Verdichtung überschüssiges Zugabewasser seinen Weg nach unten sucht und dabei Gesteinskörnungs- und Zementbestandteile mitzunehmen bestrebt ist. Das bedeutet mit anderen Worten, gesteigerte Tendenz zur Mängelrüge und die Notwendigkeit, sich fachbezogen gewissenhaft mit der Leistungsbeschreibung auseinander zusetzen, um ggf., d. h. bei unrealistischen Auflagen, gem. VOB/B § 4 Abs. 3 [1.6], schriftlich „fachliche Bedenken" anzumelden.

2.27 Betonwarzen

Schadensursache

Hier wurden Betonschalungen mit zu geringer Eigenfeuchte eingesetzt, die über die Dauer ihrer ggf. mehrfachen Verwendung über den physikalischen Einfluss des Betonwassers und/oder infolge nasser Witterung im Zeitraum der Baustellenlagerung eine feuchtigkeitsbedingte Dimensionssteigerung erfuhren, schlicht gesagt dicker wurden. Die Quellung des Holzes, sei es Massivholz oder Holzwerkstoff, tritt besonders bei vergüteter Sperrholzschalung mit den beschriebenen Erscheinungen auf, weil gerade diese Platten fertigungsbedingt mit sehr geringer Eigenfeuchte von etwa 10 % angeliefert werden und infolge ihrer Oberflächenbefilmung ihre einsatzbedingte Endfeuchte erst nach Wochen erreichen. Bei saugenden, insbesondere Nadelholzfurnierplatten mit relativ poröser Struktur sind derartige Feuchtigkeitskontraste weniger zu erwarten. Dafür aber haben diese Schalungen andere Nachteile, wie z. B. geringe Kantenhärte, intensivere Aufnahmebereitschaft gegenüber Trennmitteln u. a. Die Quellungserscheinungen entsprechen trotz der Absperrung in allen Fällen mehr oder minder den physikalischen Eigenschaften eines Massivholzes, wenngleich der Kunstharzeinfluss der Verleimung, besonders bei vielschichtigen Furnierplatten, zu einer gewissen Quelleneinengung führen kann. Trotzdem muss man baustellenseitig damit rechnen, dass Schalungsplatten aus Holz bzw. Holzwerkstoffen in ihrer Dickendimension bis zu 10 % wachsen, bei Spanplatten u. U. noch mehr. Man rechnet generell etwa mit 0,3 % je % Feuchtigkeitszuwachs, der, besonders bei werkseitig kurzfristig angeliefertem Sperrholz, bis zu ca. 20 % betragen kann.

Es ist technisch logisch, dass Schraub-, Nagelköpfe, die im trockenen Plattenzustand
eingebracht wurden, mit der Feuchtigkeitszunahme, dem Quellen der Platten, in diese scheinbar hineingezogen werden; bei einer 21 mm dicken Schalung bis zu 2 mm, je
nach Art bzw. Konstruktion der Platte. Sie führen in ihrer Betonreproduktion zu entsprechenden Noppen oder Warzen, wie sie in der Abb. 2.27–1 entlang der Stoßfuge
zu erkennen sind.

Abb. 2.27–1   Betonwarzen entlang der Stoßfuge

Gutachterliche Einstufung

Sofern die Befestigung geometrisch ausgerichtet ist, stellen verbleibende Warzen im
Zusammenhang mit Sichtbeton keine gestalterische Minderung dar und rechtfertigen
somit auch keine Beanstandungen. Anders bei „Betonflächen mit technischen Anforderungen" (DIN 18 217, Abs. 2.4 [1.10]). Hier bedarf es der Einhaltung der Ebenheitstoleranzen nach DIN 18 202 [1.8] bzw. der laut VOB/A § 9 Abs. 1 [1.5] zweifelsfreien
Leistungsbeschreibung.

Beseitigung

Hier gilt es, u. U. eine ausführungstechnische Verständigung zu erreichen, indem diese gegen entsprechenden Kostenausgleich die Warzen mittels Betonkosmetik beseitigt.

Vorbeugung

Generell sollte die Baustelle darauf achten – und das steht in der Regel in keinem Leistungsverzeichnis –, dass Schalungsbefestigungen aller Art geometrisch ausgerichtet sind. Das gilt besonders für Sichtbeton.

Weiterhin ist der Einsatz von Flachkopfstiften oder -nägeln zu vermeiden bzw. sind dieselben auf keinen Fall mittels Dorn zusätzlich in die Schalung zu treiben.

Wichtig aber erscheint es – und das gilt besonders für Sperrholzschalungen aller Art, sofern diese oberflächenvergütet sind –, zumindest für eine mittlere Eigenfeuchte zu sorgen, um damit die Voraussetzung einer weitgehend konstant bleibenden Schalungsdimension – auch innerhalb der Ebene – zu schaffen. Hier genügt ein einfacher Feuchtigkeitsmesser.

2.28 Kalkausblühungen – durch Feuchtigkeit, Risse

Schadensursache

Strukturoffene Betonflächen sind der Außenfeuchte besonders zugängliche Flächen. Das bedeutet eine physikalisch-chemische Bereitschaft des jungen Betons, z. B. unter Einfluss von Niederschlag partiell zur Kalkausblühung zu neigen. Haben wir es mit dunkel eingefärbten Betonflächen zu tun, so erscheint die Gegensätzlichkeit der hell karbonatisierten Flächen zum dunkel pigmentierten Betongrund entsprechend intensiv und steht damit im Widerspruch zur Forderung nach einheitlichem Sichtbeton.

Eine gestalterische Einbuße, die im Rahmen der Gewährleistung mit Recht beanstandet wird. Die Ursache beruht auf der Aufnahme von Oberflächenfeuchte, die im Zusammenspiel mit dem alkaliintensiven Kalkhydrat des Betons und der Aggressivität des Kohlendioxids der Luft zur chemischen Umwandlung von Kalziumhydroxid in Kalziumkarbonat zur weißen Kristallisierung führt und zwar, witterungsabhängig, innerhalb relativ kurzer Zeit.

Abb. 2.28–1 Sichtbeton mit Kalkausblühungen

Gutachterliche Einstufung

Bezüglich der fachlich-technischen Beurteilung stellt sich zunächst nur die Frage, ob und inwieweit derartige Erscheinungen gezielt vermeidbar sind bzw. ob man mit ihnen insbesondere im Falle ungünstiger Witterungseinflüsse leben muss. Dabei wäre zusätzlich festzustellen, ob es jeden jungen Beton betrifft und welcher Mittel es bedarf, derartigen Erscheinungen vorzubeugen oder sie ganz zu vermeiden. Danach wäre dann die Begutachtung einzustufen bzw. die sich daraus ergebenden Maßnahmen und Kosten zu beurteilen. Dabei kann auch die Betonqualität mit ausschlaggebend sein.

Beseitigung

Kalkausscheidungen, -sinterungen oder Ablagerungen lassen sich bis zu einem gewissen Grade mechanisch abschwächen. Eine Beseitigung wird mit Sicherheit zulasten der Sichtbetonfläche gehen. Dabei muss man davon ausgehen, dass Sinterungen im Zusammenhang mit fließendem Wasser meist rissbedingt sind, also einen anderweitigen Schaden voraussetzen. Siehe Abb. 2.28–1.

Kalkausscheidungen und Kalkablagerungen auf Flächen dagegen sind die Folge nach außen abwandernden oder durch Niederschlag provozierten Kalkhydrats, das entsprechend des bereits erwähnten chemischen Umwandlungsprozesses in Form schwer löslichem Kalziumkarbonat an der Oberfläche als helle Flecken erscheint.

Partielle Kalkablagerungen oder Ausblühungen lassen sich, wie gesagt, mechanisch mindern oder bis zu einem gewissen Grad nach ausreichendem Vornässen mittels Ameisensäure beseitigen. Es mag andere Möglichkeiten geben, doch sollte man sich diesbezüglich mit der jeweiligen Bauchemie abstimmen. Größere Partien unter solchen erschwerten Bedingungen wiederzugeben, nachträglich auf den ursprünglich, pigmentierten Farbton zu bringen, erscheint fragwürdig, vom finanziellen Aufwand abgesehen. Was Kalkausblühungen betrifft, kann man davon ausgehen, dass sie witterungsbedingt im Laufe der Zeit gemindert werden.

Vorbeugung

Zum Thema Betonschutz mag jeder Praktiker seine eigene Meinung haben, zumal, wie an anderer Stelle ausgeführt, ein hochwertiger, fachgerecht verarbeiteter Beton über sein dichtes Gefüge, besonders im Oberflächenbereich, einen ausreichenden Karbonatisierungsschutz gewährleistet. Wie DIN 1045-1 [1.3.1] jedoch ausführt, gilt auch für einen sogenannten „wasserundurchlässigen Beton" (WU–Beton) eine Wassereindringtiefe bis max. 50 mm als zulässig. Beton nimmt also in jedem Fall über seine Kapillarporen Feuchtigkeit auf und ist keineswegs absolut wasserdicht, wie seitens vieler Planer fälschlicherweise angenommen wird. Dies ist in der Planung – bei **hochwertig genutzten** Räumen – zu berücksichtigen.

Das aber – und hier liegt der Vorteil bezüglich eventueller Ausblühungen – findet im Gefüge, also unter der Betonoberfläche statt, sodass die im Bild sichtbare Aufhellung nicht oder nur geringfügig zur Auswirkung kommt. Die Sichtbetonfläche bleibt weitgehend im ursprünglichen Farbton erhalten.

2.29 Kalkausblühungen – durch Feuchtigkeit

Schadensursache (Betonverarbeitungen, Gefälle-Planung)

Je größer der W/Z-Wert, desto reicher an Kapillarporen ist das Betongefüge und umso reichhaltiger das frei bewegliche kalkgesättigte Überschusswasser, das sich als Kalziumhydroxid an Oberflächen absetzt.

Mit einem Abfall von witterungsbedingtem Oberflächenwasser auf einer relativ jungen Betonfläche wird eine direkte Verbindung zwischen ihm und dem Porensystem des Zementsteines geschaffen. Dadurch beginnen gelöste Kalziumhydroxidpartikel auf die Betonfläche zu wandern. Dort erfahren sie mittels des Kohlendioxids der Luft eine chemische Umwandlung in weitgehend unlösliches Kalziumkarbonat mit seinem weißen Erscheinungsbild. Erfolgt dieser Prozess, z. B. durch Nebel, vollflächig, so erfährt die gesamte Betoneinheit eine Farbtonaufhellung. Haben wir es dagegen mit streifigem Regenablauf zu tun, so reproduzieren sich, dem Wasserablauf und seiner Feuchtigkeitsintensität entsprechend, helle Kalkfahnen. Demgegenüber bleibt z. B. eine witterungsgeschützte Betonfassadenfläche im Farbton weitgehend erhalten, wogegen die benachbarten, dem Niederschlag ausgesetzten Flächen mehr oder minder stark aufhellen. Kalkausblühungen bzw. -ablagerungen findet man überall und tagtäglich: Eine überstehende Betontrennwand, z. B. ein runder Fernsehturm, mit einer würztet- und einer wetterabgewandten Seite und gegensätzlich hell- und dunkelgrau erscheinenden Flächen oder Fenstergesimsen, wobei die überstehenden Flächen geschützt und dunkel und ihre dem Wetter ausgesetzten, benachbarten Flächen hell sind.

Abb. 2.29–1 Sichtbeton mit Kalkausblühungen

Gutachterliche Einstufung

Karbonatisierungsbedingte Ausblühungen, also Kalkablagerungen, sind ein rein optischer Mangel. Flächig stellen sie eine einheitliche Aufhellung des Grautones dar, können jedoch bauseitig z. B. durch längeres Halten in der Schalung, durch anderweitige Nachbehandlung des jungen Betons, ggf. auch – und das gilt vor allen Dingen für industriell vorgefertigte und bei feuchtem Wetter im Freien gelagerte Fertigteile – positiv beeinflusst werden.

Unschön ist, wenn partielle Ausblühungen vorkommen, die die Wirkung der Architektur beeinträchtigen. Hier können vom Bauherrn zurecht Mängel gerügt werden und die Forderung nach Wertminderung gestellt werden, sofern dem Auftraggeber zuvor nicht ein hydrophobierender Betonschutz als fachgerechte Maßnahme gegen solche Erscheinungen vorgeschlagen wurde.

Es kann durchaus möglich sein, dass von Fall zu Fall und bei Erkennen außergewöhnlicher Ansprüche im Rahmen der Leistungsbeschreibung eine Rechtfertigung besteht, den Sichtbetonzuschlag zumindern. Der Bauherr hat weiterhin den Anspruch, bei extremen Ausblühungen deren mechanische Beseitigung nachträglich zu verlangen. Dadurch aber können mit der partiell verstärkten Saugfähigkeit des Betons neue Farbtongegensätze die Folge sein.

Beseitigung

Kalziumkarbonat ist sehr beständig, sodass ein witterungsbedingter Abbau der Ausblühungen nicht oder langfristig nur bedingt zu erwarten ist. Diese Beseitigung partieller Kalkablagerungen kann also nur mechanisch erfolgen und wird gegenüber den benachbarten Bereichen eine Kompromisslösung bleiben. Letztlich bleibt nur die Alternative einer flächigen Vergütung auf Basis modifizierter, heller Zementschlämme, also materialgleich. Bei geringer Beeinträchtigung, z. B. Kalkschleierbildungen, sollte man bereit sein, den weiteren Witterungseinfluss abzuwarten und eine optische Angleichung einer „Patina" mittelfristig zu erwarten. **Beton ist nun einmal ein heterogener Baustoff und verlangt architektonische Toleranz.**

Vorbeugung

Ein hydrophobierender „Anstrich" sichert aufgrund der Absperrung von Oberflächenwasser eine Karbonatisierung „unter der Haut", sodass neben der Versinterung des Kapillargefüges der Originalfarbton des Betons weitgehend erhalten bleibt. Eine andere „natürliche" Maßnahme zur Einschränkung ergibt sich mit einem längeren Belassen in der Schalung und damit einer ausgereifteren Hydratation des Zementes, die eine dichte Betonoberfläche und einen dunkleren Farbton zur Folge haben können. Eine konstruktive Maßnahme ist, dass Wasser (Feuchtigkeit) nicht auf der Betonfläche „anhaftet", d. h., ein Gefälle ist zu planen.

2.30 Kalkausblühungen – durch Witterungseinflüsse

Schadensursache (Betonverarbeitung)

Die Einflussanalyse ist dergestalt sehr einfach, als die eine helle Seite wetter-, d. h. feuchtigkeitszugewandt und die andere dunkle Seite wetterabgewandt, also trockener ist. Betontechnologisch ausgedrückt bedeutet das einerseits, dass über den Einfluss von Oberflächenwasser, sprich Niederschlag, Kalkausblühungen provoziert werden, indem Kalküberschuss aus dem frischen Beton weicht und bei Luftzutritt das Kalkhydrat unter Einfluss der Kohlensäure der Luft in das weißlich kristalline und beständige Kalziumkarbonat umgewandelt wird. Es handelt sich um eine Karbonatisierung der Oberfläche.

Auf der trockenen Seite des Bauwerkes dagegen bleibt der freie Kalk unterhalb der Oberfläche. Dringt mittelfristig die Kohlensäure der Luft in die Kapillarporen des Betons ein und findet die gleiche chemische Umwandlung im oberen Innenbereich statt, wirkt sich also nicht aufhellend aus, behält der sichtbare Beton seinen üblichen Farbton, sozusagen „unter Putz".

In diesem Sinne haben wir es also mit einer rein optisch mangelhaften Erscheinung zu tun, die jedoch, und das gilt vor allen Dingen für industriell vorgefertigte Fassaden, bis zu einem gewissen Grad vermeidbar ist und ggf. zur Beanstandung führen kann.

Gutachterliche Einstufung

Im Sinne der „anerkannten Regeln der Technik" ist Sichtbeton eine Betonfläche mit „vorbestimmbarem" Ergebnis, ein gestaltendes Element, von dem ein optisch weitgehend einheitliches Erscheinungsbild erwartet und gefordert wird. Diese Forderung findet ihren Ausdruck in der Leistungsbeschreibung und mit dem Zuschlag verpflichtet sich der Auftragnehmer, eine bestimmte Betonflächenqualität zu erbringen. Es sei denn, er meldet lt. VOB/B § 4 Abs. 3 [1.6] gegenüber praxiswidrigen Forderungen „fachliche Bedenken" an. Verständlicherweise wartet der Auftragnehmer mit seinem Einspruch, bis er den Auftrag „in der Tasche hat", zumal § 4 eindeutig darauf hinweist, dass dieser möglichst vor Beginn der Arbeit erhoben werden soll. Versäumt der Auftragnehmer diese Möglichkeit, übernimmt er, wie es lt. VOB/B § 13 Abs. 5 [1.6] heißt, die Gewähr, dass seine Leistung zur Zeit der Abnahme, aber auch bis zum Ablauf der Gewährleistungszeit – allgemein nach VOB 4 Jahre – die vereinbarte Beschaffenheit hat und den anerkannten Regeln der Technik entspricht. Nun kann man sich streiten, ob eine mehr oder minder flächige Farbtondifferenz den Wert oder die Tauglichkeit eines Sichtbetonbauwerkes einschränken kann. Tatsache ist, und das gilt z. B. für einen dunkel eingefärbten Sichtbeton, dass die Pigmentierung einerseits als Mittel zum architektonischen Zweck kostenaufwendig ist und ihr Wirkungsgrad Einbußen hinnehmen muss, andererseits intensive Kalkausblühungen durch zweckdienliche Maßnahmen, also Hydrophobierung, zu vermeiden sind. Hier also ist ggf. eine Wertminderung des Sichtbetons gerechtfertigt.

Beseitigung

Zunächst kann man davon ausgehen, dass Ausblühungen langfristig seitens der Witterung, z. B. durch weiches Regenwasser, farblich angeglichen und damit im Farbton neutralisiert werden können. Sie sind Schönheitsfehler und beeinträchtigen weder Lebensdauer noch Qualität des Betons. Partielle Kalkausblühungen können mechanisch beseitigt werden. Bezüglich chemischer Bearbeitung sollte man sich mit den bauchemischen Herstellern in Verbindung setzen, wobei es fragwürdig erscheint, ob eine derart großflächige Handhabung finanziell und auch fachlich gerechtfertigt ist. In jedem Fall ist man gut beraten, eine Probebehandlung vornehmen zu lassen und sich durch eine – möglichst schriftliche – Gewährleistung abzusichern.

Vorbeugung

Da Oberflächenwasser der eigentliche Grund für Kalkausblühungen ist, kann es im Sinne eines Betonschutzes vorbeugend nur darum gehen, die Betonfläche wasserabweisend zu behandeln. In diesem Zusammenhang sollte zwischen den Begriffen „wasserundurchlässig" (nach DIN 1045-1 [1.3.1], wobei es darum geht, eine optimale Wassereindringtiefe vorzuschreiben, was keine Kalkausblühungen ausschließt) und „wasserabweisend" unterschieden werden. Entscheidend ist, dass jede Feuchtezufuhr vermieden wird. Zu erreichen ist eine einheitliche Einstellung des Materials gegenüber unterschiedlichen Witterungseinflüssen, wobei die Einwirkung von Kohlendioxid nicht ausgeschlossen wird. Eine Karbonatisierung wird jedoch im Oberflächeninneren ablaufen, damit bleibt der normale Farbton weitgehend, also sozusagen optischer Betonschutz, erhalten.

Empfehlung:

Wasser muss fließen, d. h. darf nicht ruhen, sodass ein Gefälle- in der Planung mit berücksichtigt werden muss.

2.31 Kalkausblühungen/Ablagerungen

Schadensursache (witterungsbedingte Kalkausscheidungen)

Es sind die „Schattenbereiche" der Fassade bzw. der Balkontrennwand, welche witterungsgeschützt weitgehend ihren „grauen" Farbton bewahren.

Demgegenüber trägt der unmittelbare, dauernde nasse Witterungseinfluss langfristig dazu bei, dass über den Austritt des Kalkhydratwassers der Kapillarporen und der mittels Kohlendioxid bewirkten chemischen Umwandlung des Kalziumhydroxids in das schwer lösliche Kalziumkarbonat ein zusammenhängender weißer Belag entsteht. Im technische Sinne ist es kein Fehler, doch optisch kann es in der Gegensätzlichkeit unterschiedlicher Farbtöne eine gestalterische Beeinträchtigung sein, die dahin gehend zur Reklamation werden kann, wenn der Bauherr erfährt, dass diese Kalkausscheidungen über eine N vorzeitigen „Oberflächenschutz", sprich Hydrophobierung, zumindest gemindert werden konnte.

Gutachterliche Einstufung

Wie bereits erwähnt, ist eine derartige Kalkablagerung kein technischer Mangel. Architektonisch aber ist er, besonders z. B. im Zusammenhang mit dunkel pigmentiertem Sichtbeton und partiell extrem wirkender Aufhellung, eine Einschränkung, die erfahrungsgemäß – meist vor Ablauf einer Gewährleistung – zur Auseinandersetzung führen kann. Zumindest ist dann mit einer Minderung zu rechnen.

Diese Erkenntnis gilt vor allen Dingen für saugfähige Sichtbetonflächen. Das bedeutet, dass der Auftragnehmer bei mechanisch nachbehandelten Flächen, also z. B. sandgestrahlten, fein gewaschenen o. ä. Ausführungen, gut beraten ist, seinen Auftraggeber im Sinne VOB/B § 4 [1.6] auf die Zweckmäßigkeit eines hydrophobierenden Betonschutzes hinzuweisen.

Bei der Begutachtung eines in diesem Sinne gestalterisch eingeschränkten Objektes kann dieser Gesichtspunkt eine Rolle spielen bzw. für die Annullierung des Sichtbeton-Zuschlags ausschlaggebend sein.

Beseitigung

Bei geringen Kalkausscheidungen sollte der Bauherr „gute Miene zu bösem Spiel" machen, denn eine nachhaltige Beseitigung einer flächigen Kalkablagerung, insbesondere auf einer stark profilierten oder holztexturierten Sichtbetonfläche erscheint im Ergebnis mehr als fragwürdig. Hier haben wir es im gestalterischen Sinne mit einer „Patina" zu tun, die im Laufe der Zeit, nicht zuletzt infolge von Umweltverschmutzung, zu einer Farbtoneinheitlichkeit führt. Zwar werden seitens der Bau-Chemie Zementschleier-Entferner angeboten und es bestehen Hinweise auf die Oberflächenbehandlung, z. B. mit Ameisensäure o. a. m., doch sollte man dann eher davon ausgehen, dass derartige Kalkausblühungen langfristig vom weichen Regenwasser aufgelöst und abgewaschen, zumindest aber optisch gemindert werden.

Vorbeugung

Die Hydrophobierung, d. h. eine wasserabweisende Behandlung im möglichst frischen Zustand, ist der wohl zweckdienlichste Weg der Vorbeugung gegenüber der Oberflächenkarbonatisierung.

Die ungeschützte Betonoberfläche wird durch die Witterung, insbesondere die Kohlensäure in der Luft, zur Kalkausscheidung und zu starker Aufhellung provoziert.

Ist die Oberfläche infolge Hydrophobierung jedoch trocken, dringt das Kohlendioxid der Luft schneller in das oberste Betongefüge ein, bewirkt dadurch aber äußerlich unsichtbar die chemische Umwandlung des Kalziumhydroxids in Kalziumkarbonat im Porenraum, also unterhalb der Oberfläche. Der natürliche einheitliche Farbton des Sichtbetons bleibt weitgehend erhalten.

2.32 Versatz, Versprünge an Arbeits- und Schalhautfugen (z. B. Treppenhäuser)

Schadensursache (Schalungsfehler)

Ob mit konventioneller Großflächenschalung oder mit zeitgemäßen Schalungs-Systemen: Versprünge im Geschossansatz sind im Treppenhausbereich oftmals kaum zu vermeiden und ziehen u. U. nicht nur massive Reklamationen, sondern auch erhebliche Ausbesserungskosten nach sich. Die Art der Mängel können sehr unterschiedlich sein, wobei z. B. planebenflächige Versandungen infolge undichter Ansätze bzgl. der Nacharbeit die unkompliziertesten sind. Wesentlich schwerwiegender sind demgegenüber „Betonschürzen" und Versprünge durch versetzte Schalungen im Ansatzbereich oder gar einseitig herausgedrückte Hautplatten, vor allen Dingen in den Eckbereichen.

Diese Niveaudifferenzen führen erfahrungsgemäß zu erheblichen Stemmarbeiten, die ihrerseits wieder bündig geglättet und den Anschlussflächen angepasst werden müssen. Wie gesagt, auch bei sorgfältigster Verankerung der Schalungen, was zur Geschossdecke hin kein Problem sein braucht, zur Flurseite aber die nachträgliche Kontrolle vermissen lässt und dadurch zu Mängeln führen kann, sind solche Fehler, die sich erst beim Ausschalen erkennen lassen, kaum zu vermeiden.

Abb. 2.32–1   Versprünge an Arbeitsfugen

Hinzu kommt, dass gerade Treppenhausschächte als Verkehrsflächen des Neubauablaufes eng, unübersichtlich und gekennzeichnet sind durch den Ablauf des Baugeschehens.

Die Mängel zeigen sich dann erfahrungsgemäß beim Nachbetonieren oder Einsetzen der Fertigteiltreppen.

Gutachterliche Einstufung

Bei allem gutachtlichen Wohlwollen für die Problematik, gerade der Geschossanschlüsse, kann nichts darüber hinweg täuschen, dass es sich hier hinsichtlich der Gestaltung um einen schwerwiegenden Fehler handelt, der auch im Hochhaus bei der

Aufgabenstellung des Treppenhauses als „Nebenbereich" Anspruch auf einen Mängelrügenanspruch hat. Kann man auch davon ausgehen, dass Nebenein- und -ausgänge bei vielgeschossigen Bauten mit Fahrstühlen mehr oder minder Rohbaucharakter behalten, so gelten doch die Planebenflächigkeitsforderungender DIN 18 202 [1.8], sind also Abweichungen bis max. 3 mm auf eine Maßstrecke von 10 cm zulässig bzw. Versprünge bis optimal 2 mm. Die Praxis hat gezeigt, dass oftmals Niveaudifferenzen bis zu 20 mm normal sein können, von den anderen Mängeln ganz abgesehen.

Achtung: Beim DBV-Merkblatt „Sichtbeton" sind größere Abweichungen zulässig!

Abb. 2.32–2   Versprünge an Geschossansätzen

Beseitigung

Da die Abweichungen meist im Fußansatz auftreten, verständlicherweise nach außen gerichtet sind, vom Treppenhaus aus gesehen eine Minderung des Raumes darstellen, ist ein Abstemmen der überstehenden Niveaubereiche unvermeidbar und es bedarf allgemein eines Presslufthammers, um die rustikal aufgeraute Fläche anschließend wieder planeben und vor allen Dingen zu den Anschlussflächen auf materialgerechter Basis zu glätten.

Vorbeugung

Ähnlich der Anschlüsse bei Kassettendeckenbasis bietet sich auch hier der Einsatz von Profilleisten an, die als Neutralisatoren für eine gezielte Arbeitsfuge im technischen und gestalterischen Sinne sorgen. Sie stellt das konstruktive Bindeglied dar und kann im unteren Deckenbereich als dekorative Fuge eingeplant sein, sozusagen als „Scheinfuge".

Dabei sollte darauf zu achten sein, dass die Leisten handwerksgerechte Dimensionen haben und als Dreieck- oder Trapezprofil disponiert werden. Man ist gut beraten, sie rückseitig, d. h. gegenüber der Hautplatte, mittels Schaumstoffstreifen abzudichten, um evtl. Versandungen vorzubeugen.

Niveaudifferenzen sind u. U. zwischen „oben" und „unten" trotzdem nicht immer zu vermeiden, fallen aber infolge der gestaltenden Arbeitsfugen weniger auf und rechtfertigen auch keine Beanstandung. Ggf. kann der Mittelstreifen, der letztlich die Deckenstärke demonstriert, im Farbton oder gar farblich angelegt werden. Er bereichert auf diese Weise – je nach Geschmack – die Nüchternheit eines im Rohbau gehaltenen Treppenhauses und überbrückt vorhandene, geringe Ungleichmäßigkeiten.

Siehe auch Kapitel 1.7.

2.33 Schalhautfugen – unsaubere Ausbildung

Schadensursache

System-Rahmenschalungen sind Ausdruck zeitgemäßen Bauens im Sichtbeton.

Dabei bestehen die zur Anwendung kommenden Rahmen-Systemschalungselemente aus Stahlrahmen mit in Falz gelegten Holzwerkstoffhautplatten.

Diese Hautplatten „wachsen" oder besser gesagt quellen in der Summierung ihrer Lagen ähnlich massiven Holzes in der Gesamtheit der Dickendimension bis zu 10 %. Dieser mögliche Zuwachs muss von Elementhersteller konstruktiv berücksichtigt werden.

Mit anderen Worten: Eine ordnungsgemäß, unter dem Rahmenniveau liegende Hautplatte führt zu einer Flachnut. Sie rechtfertigt keinerlei Nachforderungen, sofern lt. DIN 18 202, Zeile 6 bzw. 7 [1.8], Niveaudifferenzen von 3 bzw. 2 mm nicht überschritten werden.

Demgegenüber führt eine noch so gering überstehende Hautplatte zur erhabenen Abzeichnung des Rahmens.

Abb. 2.33–1   Schalhautfugen

Gutachterliche Einstufung

Ähnlich der Betongratbildung bei konstruktiv unzulänglichen Schalungsfugenausbildungen sind auch Systemelementmarkierungen erhabener Form berechtigter Anlass zur Beanstandung.

Beseitigung

Bei partiellen Überständen bedarf es des manuellen Einsatzes einer Handschleifmaschine, einer sog. Flex, die sich generell im Wandbereich anbietet. Bei großflächigen Decken ist der Einsatz eines fahrbaren Tellerschleifers am zweckdienlichsten.

Die sich dabei ergebenen Schleifspuren berechtigen zur Beanstandung, zumal eine Betonkosmetik erforderlich wird.

Vorbeugung

Hier kann es nur darum gehen, im Zusammenhang mit System-Rahmenschalungen auf eine ausreichende, sprich ca. 10 % der Hauptplattendicke betragene **„Dimensionsreserve"** im Falzbereich zu achten, um positiven Niveaudifferenzen rechtzeitig entgegenzutreten. Die Quellungen der Hautplatten selbst lassen sich nicht vermeiden.

2.34 Schalhautfugen – Fugenabdichtung, Abkleben

Schadensursache

Saubere Schalhautfugen herzustellen, ist *das* Problem jeden Sichtbetons.

Mit der planeben-glatten Sichtbetonfläche, die wegen der meist standardisierten Plattenformate allgemein mit „geordneten Stößen" ausgeschrieben wird und im Hinblick auf eine hellere und einheitliche Ausführung, ergab sich die Notwendigkeit einer entsprechend gehandhabten Fugenausbildung, sprich **Abdichtung**. Das umso mehr, als man nach wie vor besonders bei extremen Witterungsverhältnissen mit physikalisch bedingten Materialbewegungen rechnen muss. So ist der konstruktive Spielraum jeder Holzwerkstoffschalung konventioneller Art – im Gegensatz zu zahlreichen Systemschalungen mit kraftschlüssiger Verbindung – eine ernst zu nehmende „Achillesferse" jeden Sichtbetons, die durch eine fach- und materialgerechte Arbeitsvorbereitung einzukalkulieren ist. Hier dominiert anwendungstechnisch der Schaumstoffstreifen, zwar oftmals selbstklebend, doch wohlweislich zumindest zusätzlich, im Hinblick auf die meist nassen Kantenflächen, zu heften, sofern man ihn auf null zusammenpressen und konstruktiv sinnvoll unterbringen kann. Ist die Fuge dagegen „offen", so führt der saugende Schaumstoff zum Entzug von Zugabewasser und zu einem dunklen Streifen auf dem Sichtbeton. Bei offener Fuge ohne Schaumstoff folgt, mehr oder weniger intensiv, eine Versandung, die bis zur Nestbildung reichen kann. Abgesehen von den Schwierigkeiten, einen Klebestreifen kraftschlüssig auf einen glatten, nach dem ersten Einsatz zudem meist trennmittel- oder schmutzbelasteten oder nassen Untergrund zu bringen, liegt die optische Problematik darin, dass Schalung und Klebeband hinsichtlich Material und Oberflächenstruktur meist völlig unterschiedlich sind, insbesondere bzgl. der Saugfähigkeit. Damit aber wird im Oberflächenbereich der W/Z-Wert beeinflusst. Der wirkt sich in einem sichtbar störenden Farbtonunterschied aus, der zunächst seinen Ausdruck in einem helleren oder dunkleren Raster findet.

Sofern diese Erscheinung gleichmäßig und sauber ist, kann sie dekorativ wirken, wenngleich es Sache des persönlichen Geschmackes ist, ob und inwieweit sich der Auftraggeber damit identifiziert. Wird aber der Klebestreifen partiell durch Feuchtigkeit mechanisch oder unter Einfluss des Betons beschädigt, so läuft erfahrungsgemäß Leim durch die nun offene Schalungsfuge und es kommt zu Versandungen, die bis zur Nestbildung reichen können. Die Mängelrüge ist berechtigt.

Abb. 2.34–1   undichte Schalhautfuge

Gutachterliche Einstufung

Die Beurteilung eines derartigen Ausführungsfehlers geht zunächst eindeutig zulasten der Arbeitsvorbereitung und zieht, von objektbezogenen Ausnahmen abgesehen, zunächst den Abzug des Sichtbetonzuschlages nach sich.

Weiterhin muss man bei mehrfachem Einsatz der gleichen Schalung und der jeweiligen Erneuerung der Klebebänder davon ausgehen, dass wider besseren Wissens gehandelt wurde, man also nichts aus den vorhergegangenen Erfahrungen gelernt hat. Die Begutachtung selbst ist umso schwerwiegender, als eine vollwertige Beseitigung des rein optischen Mangels kaum und wenn überhaupt dann nur sehr aufwendig möglich ist. Mit Sicherheit steht eine Wertminderung in Höhe der evtl. aufzuwendenden Betonkosmetikkosten an.

Beseitigung

Da man erfahrungsgemäß davon ausgehen muss, dass Bestandteile der Klebestreifen zurückgeblieben sind, muss man sie annässen und mechanisch beseitigen. Ferner sind alle Versandungen und Nestansätze modifiziert auszugleichen, wenn möglich farbtongleich, um dann zu entscheiden, ob das Gesamtergebnis eine ganzflächige Überarbeitung aus optischen Gründen unumgänglich erscheinen lässt. Bei Sichtbetonanforderungen muss man u. U. davon ausgehen, dass eine modifizierte Oberflächenvergütung das Mindeste sein wird, wozu die Streifenbereiche aufgeraut werden müssen, um eine gesamtflächige Haftung sicherzustellen. Ist das nicht möglich, ist die letzte Konsequenz ein deckender Anstrich mit entsprechender Wertminderung im Hinblick auf spätere Unterhaltungsarbeiten.

Vorbeugung

Den vorstehenden Ausführungen entsprechend können die Konsequenzen nur dergestalt sein, als sich die Baustelle in Abstimmung mit der Arbeitsvorbereitung um eine fachgerechte Lösung der **Fugenabdichtung** bemüht.

2.35 Toleranzen – Versprünge vorgefertigter Türzargen zur anschließenden Wandfläche

Schadensursache

Beton-Türzargen sind massive Fertigteile, deren Dimensionen der jeweiligen Wanddicke entsprechen, für die sie vorgesehen sind. Werkseitig vorgefertigte Betontürzargen werden ggf. mit Anschlussbewehrung im Schalungskonzept integriert und bedürfen sowohl in der vertikalen bzw. horizontalen Ausrichtung als auch bzgl. der Wanddicke eines genauen „Passers". Geht man davon aus, dass Innenwände sowohl als konventionelle Großflächenschalung, also mittels Holzträgern und hochwertiger Hautplatten, wie auch aus kraftschlüssig montierten System-Rahmenschalungen erstellt werden, so scheint sich die Aufgabenstellung der Betonzargen von allein zu ergeben. Man setzt sie eben dazwischen und schon stimmt die Sache. Da aber fast alle Schalungen in der Praxis mehr oder minder geringen Konstruktionsspielräumen ausgesetzt sind, insbesondere die konventionellen Großflächenschalungen, ist u. U. unter dem Schalungsdruck, also im Zusammenhang mit intensiver Verdichtung, mit einer vertikalen Wölbung zu rechnen. Allgemein ist mit zwei Gurtungen, meist im Fuß- und Kopfbereich bzw. etwas darüber und darunter, zu rechnen, wobei der Zargenbereich in der Überzeugung, dass die Schalungselemente ausreichend stabil sind, ausgeklammert wird,

Lt. DIN 18 202 [1.8] sollte man bei einer Wandhöhe von ca. 250 cm gemäß Zeile 6 mit einem Toleranzmaß von max. 7 bis 8 mm rechnen können. Eine Wölbung der Schalung und damit der Zargenanschlussbereiche ist also theoretisch anzuerkennen. Praktisch aber sieht es so aus, dass sowohl am Kopf als auch an den Flanken der Zarge erhebliche „Schürzenwirkungen" zu erwarten sind, die partiell, mit einem Vorsprung in der Mitte bis zu eben 7 bzw. 8 mm, im Widerspruch zur DIN 18 202 [1.8] und zwar der untersten Klasse (Zeile 5), Messstrecke 10 cm stehen und so eine berechtigte Reklamation ergeben.

Abb. 2.35–1   Versprünge an der Betonoberfläche

Gutachterliche Einstufung

Hier ergibt sich in der Beurteilung dahin gehend eine Diskrepanz, als die vertikale Schalungsabweichung der Wand normgerecht ist, dagegen der Versprung der auf die standardisierte Wanddicke abgestimmten Zarge mit ihren verbindlichen Dimensionen zur anschließenden Wand im Mittelbereich erheblich gegen die Norm verstößt. Somit hat es den Anschein, also ob beide Gewerke im Recht sind und doch muss man davon ausgehen, dass der Arbeitsvorbereiter des Rohbauunternehmers bei seinen Überlegungen die feste Dimension einzuplanen hat und für eine in jeder Ebene normgerechte Ausführung sorgen muss.

Beseitigung

Die Mängelbeseitigung ist nur durch eine aufwendige Betonkosmetik möglich.

Vorbeugung

Es gibt die Möglichkeit, einerseits für Wände mit Ausschnitten über den Einsatz einer mittleren Gurtung generell eine Minderung der zwar normgerechten, doch im Widerspruch zu kostensparendem Innenausbau stehenden Durchbiegung zu erreichen. Entscheidend aber ist die Notwendigkeit, innerhalb der Aussparungsfläche für eine zusätzliche Verankerung zu sorgen, und damit die o. a. Anschlussflächen weitgehend niveaugleich zu halten.

Versprünge bis zu 3 mm sind gegenüber dem Nachfolgegewerk zu vertreten, müssen jedoch vereinbart werden.

Damit also bietet sich auch im Bereich vorgefertigter Massivzargen eine normgerechte und innenausbaureife Leistung.

Siehe auch Kapitel 2.60.

2.36 Sichtbeton – Rippling Effekt

Erscheinungsbild

Auf der Oberfläche einer Sichtbetonfassade zeigen sich ober- und unterhalb der Arbeitsfuge (Schalplattenstöße) ca. 10 cm lange, wellenartige Vertiefungen.

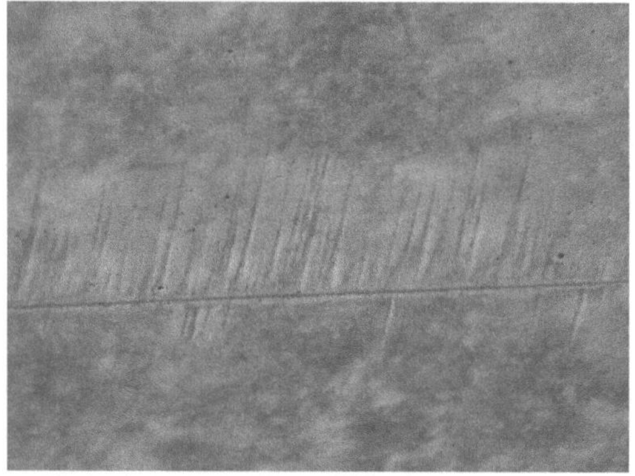

Abb. 2.36–1   Sichtbetonoberfläche mit Ripplingeffekt

Abb. 2.36–2   aufgequollene Schalung

Abb. 2.36–3   aufgequollene Schalung

Gutachterliche Einstufung

Der hier aufgetretene Schaden wird „Ripplingeffekt" genannt. „Rippling" wird von „ripple" abgeleitet und bedeutet soviel wie „Welligkeit" und stellen Riefen bzw. Vertiefungen an der Oberfläche dar.

Die Ursache des hier vorgefunden Schadens lässt sich schnell ergründen, denn die Schalung ist das Spiegelbild der Oberfläche.

Als Schalungsmaterial der Sichtbetonflächen wurde eine quellempfindliche, einfache Holzart mit zu dünner Beschichtung verwendet. Besonders die Kanten des Materials sind feuchtempfindlich und saugen das Anmachwasser des Betons auf. Folge: Das Holz quillt auf, siehe Abb. **2.36–1** , und drückt die entstandene „ripplingartige" Verformung spiegelbildlich im Beton ab.

Beseitigung

Mittels einer „Betonkosmetik" müssen die „Wellen" geschliffen, gespachtelt und farblich retuschiert werden.

Vorbeugung

Vorbeugend kann empfohlen werden, Holzschalung mit wenig quellendem Hartholzdeckfurnier und starkem wasserabweisendem Film sowie imprägnierendem Kantenschutz zu verwenden, siehe *Sichtbeton-Planung* [3.1].

2.37 Vermehlungen

Schadensursache (Trennmittel)

Es handelt sich um eine oberflächenbezogene Hydratationsbeeinträchtigung, demzufolge der oberste Zementsteinabschluss nicht oder nur unzureichend abbindet. Bei Versandungen oder Blutungen pflegt das Feinkorngerüst durch Wasserablauf mehr oder minder freigelegt zu werden. Bei Vermehlungen ergibt sich, wie der Name sagt, ein verstärkter Staubeffekt, der ggf. unter Einfluss nachträglicher, witterungsbedingter oder gezielter Feuchtigkeit nachzuhydratisieren vermag, sofern die oberste Zementsteinhaut nicht auf der Schalung verbleibt.

Verursacht werden können Vermehlungen durch Wasserentzug übertrockneter, saugender Schalungen, insbesondere in Verbindung mit überdimensioniert aufgetragenem, chemisch reagierendem, also hydratationsstörendem Trennmittel. Das gilt besonders für Massivholz-, Dreischichtplatten- u. ä. Schalungen, sofern es der Verarbeiter versäumte, die Schalung vor dem Auftrag des Trennmittels ausreichend zu nässen. Dann nämlich wird ein Trennmittel sinnwidrigerweise zu einer Imprägnierung des Holzes und nicht zu einem Schalungsplattenauftrag, der keine Verbindung mit dem Trägermaterial eingeht.

Hydratationsstörungen und damit Oberflächenvermehlungen können aber auch die Folge des Einflusses von Holzinhaltsstoffen sein, z. B. Holzzucker bei frischer Brettschalung.

Gutachterliche Einstufung

Eine zweckdienliche, also gezielte trennmittelbedingte Vermehlung zur Überbrückung der Haftwirkung großflächiger, nicht saugender Schalungen rechtfertigt keine Mängelrüge, besonders im Zusammenhang mit Sichtbeton, und man kann davon ausgehen, dass bei Außenflächen eine witterungsbedingte Nachhydratation den Staubeffekt neutralisiert.

Beseitigung

Soweit es zweckdienlich erscheint, kann man die vermehlte, frisch ausgeschalte Fläche umgehend nachwässern, um auf diese Weise eine Nachhydratation zu bewirken. Bei intensiver Vermehlung kann praktisch nur eine Mineralisierung durch ein- oder mehrfachen Auftrag von Fluat erreicht werden, entsprechend der Anweisung des Herstellers oder eines entsprechenden Materials. Bei tiefer gehender Vermehlung, ggf. bis zur Kleinkörnung, und entsprechender Beeinträchtigung der Planebenflächigkeit, kann es unumgänglich sein, eine Ausgleichsspachtelung mit modifiziertem, d. h. kunstharzgebundenem und quarzangereichertem Zementmörtel in entsprechender Dicke (1 - 2 mm) aufzutragen. Die Notwendigkeit ist von Fall zu Fall zu klären. Unter Umständen reicht eine leicht angedickte modifizierte Zementschlämme.

Vorbeugung

Im Zusammenhang mit chemisch reagierenden, hydratationsstörenden Trennmitteln ist zunächst auf eine ausgeglichene Eigenfeuchte saugender Schalungen zu achten. Dann ist vom Trennmittelverarbeiter für einen – den Herstellerhinweisen entsprechenden – dünnen und gleichmäßigen Auftrag zu sorgen.

Verfärbungserscheinungen sind ein Beweis für die Unzulänglichkeiten der Schalung und ein Zeichen für mögliche Vermehlungen.

2.38 Stöße strukturierter Schalungsplatten (Matrizen) in Querrichtung

Schadensursache (Schalungsfehler)

Im Vergleich zum originalstrukturierten, sägerauen oder mechanisch vorbehandelten Brett, welches im „Verband" mit geordneten Stößen praktisch dimensionslos, d. h. unbegrenzt, eingesetzt und konstruktiv mittels zweckdienlicher Spundungen kraftschlüssig verbunden werden kann, ist insbesondere der Längsstoß bei synthetisch textierten Platten oder Matrizen u. U. mit Schwierigkeiten verbunden.

Der Arbeitsvorbereiter bedient sich dann oftmals, sozusagen als neutrale Verbindungselemente, profilierter Holz- oder auch Kunststoffleisten, bei denen dann die Hautplatten in den Falzen liegen.

Grundsätzlich ist das eine konstruktiv richtige Lösung, bedingt aber, und das wird oftmals in der Notwendigkeit unterschätzt, eine zusätzliche, beidseitige Abdichtung mittels Schaumstoffstreifen o. ä.   Nur wenn beide Maßnahmen aufeinander abgestimmt sind, folgt ein zufriedenstellendes Betonflächenergebnis. Im anderen Fall, d. h., wenn zwar die Profilleiste- Verwendung findet, aber nicht funktionsgerecht abgedichtet wird, läuft u. U. Zementleim aus und versandet den Fugenbereich. Eine strukturberücksichtigende, einwandfreie Nachbesserung ist fragwürdig und führt zur berechtigten Reklamation.

Anders bei fach- und materialgerechter Handhabung, also einer konstruktiven Verbindung zwischen Profilleiste und Schaumstoffstreifen, die zum dichten Stoß führt und eine saubere Lösung anbietet.

Abb. 2.38–1   Stöße strukturierter Schalungsplatten

Gutachterliche Einstufung

Da eine konstruktiv unsachgemäße Ausbildung als Fachwidrigkeit einzustufen ist, trägt die ausführende Firma, Rohbauunternehmer bzw. Schalungs-Subunternehmer, die Verantwortung und die sich daraus ergebenden Konsequenzen. Das kann finanziell umso schwerwiegender sein, als eine einwandfreie Regeneration des Struktursichtbetons nur schwer oder gar nicht ausführbar ist. Die Ausbesserung selbst aber, im Falle einer intensiven Versandung, kann technischer Natur, d. h. über eine starke Oberflächenporosität karbonatisierungsfördernd sein, und muss in jedem Fall sorgfältig überarbeitet werden. Dadurch aber wird die ursprünglich geforderte gestalterische Wirkung beeinträchtigt und es folgt, da es sich z. B. im vorliegenden Fall um den Pfeiler eines größeren Brückenbauwerkes handelt, eine Wertminderung, zumindest entsprechend des Sichtbetonzuschlages. Bei Hochbauten, also z. B. Sichtbetonfassaden, kann eine aufwendige Strukturaufarbeitung und anschließend eine Lasur der Gesamtfläche erforderlich sein, mit den entsprechenden Kosten. Das aber von Fall zu Fall zu beurteilen, wäre Sache des Sichtbeton-Sachverständigen.

Beseitigung

Eine versandete Fläche kann bzgl. der Strukturerneuerung fach- und materialgerecht regeneriert werden. Das aber erfordert fachliches Können und kostet Zeit und damit Geld. Mittels modifiziertem, also kunstharzvergütetem Mörtel, angereichert mit feinem Quarzmehl, wird die Dimension mit etwas – ca. um die Strukturhöhe – „aufgestockter" Masse nach vorheriger Grundierungsbehandlung aufgetragen. Da dieser Mörtel im Gegensatz zum normalen Putz von außen nach innen „anzieht", also nach einer bestimmten Zeit – getestet mit Fingerabdruck – elastisch wird, kann man von außen eine entsprechend vorbereitete Strukturfläche auflegen und mittels Fäustel leicht anklopfen. Wie gesagt, es setzt handwerkliches Können und Erfahrung voraus.

Andererseits lohnt sich der Aufwand, wenn es darum geht, einen partiellen Fehler „auszubügeln", um der Überarbeitung einer ganzen Fläche, sprich Stütze oder Fassade, vorzubeugen.

Vorbeugung

Diese ergeben sich aus der Schilderung der Schadensursache, also einer gewissenhaften Verarbeitung des Fugenbereiches, wie sie ansonsten auch für alle Eckausbildungen gültig sein sollte.

2.39 Sedimentation – bei aus drei Richtungen zueinander verlaufenden Flächen

Schadensursache (Betonverarbeitung)

Hier haben wir es mit mehr oder minder unvermeidlichen Sedimentationen zu tun, wie sie sich mit verdichtungsbedingten Frequenzüberschneidungen bei drei winklig zueinanderstehenden Flächen und eingeengter Rippenschalung ergeben. Da die Gefüge- und Festigkeitsbelange, also die technischen Gesichtspunkte, vorrangig sind, es Aufgabe der Baustelle ist, einen in sich geschlossenen Beton zu erstellen und dementsprechend intensiv zu verdichten, sind bei den meist oberflächenglatten Schalungen unregelmäßige, partielle Mehlkornkonzentrationen mit verschiedenen Farbtoneffekten nicht zu vermeiden. In Farbton einheitliche Betonflächen dieses Baubereiches, wie sie durch den Einsatz saugender Schalungen möglich sein können, sind die Ausnahme.

Einer verbindlichen Sichtbetonforderung in der Leistungsbeschreibung sollte sich der Auftragnehmer jedoch entgegenstellen. Dagegen erfüllbar sind oberflächengeschlossene, farbtonunabhängige Betonflächen mit einer Farblasur.

Abb. 2.39–1   Sedimentation an Betonstürzen

Gutachterliche Einstufung

Da es sich im vorliegenden Fall um einen fast unvermeidbaren Fehler handelt, ergibt sich bei oberflächengeschlossener Ausführung keine Rechtfertigung einer Beanstandung. Auch dann nicht, wenn bei praxisfremder Leistungsbeschreibung der Auftragnehmer vergessen hatte, „fachliche Bedenken" nach § 4 Abs. 3 VOB/B [1.6] anzumelden. Man sollte auch beim Planer die Möglichkeiten und Grenzen einer angestrebten Betonflächenausführung kennen und diese im Zuge der Leistungsbeschreibung berücksichtigen. Praxisfremde Betonflächenbegriffe disqualifizieren sich somit von selbst und sollten sich angegebenen realistischen Möglichkeiten orientieren.

Beseitigung

Wo kein Fehler ist, ist auch keine gewährleistungspflichtige Überarbeitung notwendig. Farbtonschattierungen können ein fester, nicht zu reklamierender Bestandteil sein.

Vorbeugung

Wenn es zur Erzielung eines einheitlichen Farbtones überhaupt eine Vorbeugungsmöglichkeit geben kann, dann durch den Einsatz einer saugenden Schalung, z. B. mit sägerauen Brettern. Das aber ist eine kostenaufwendige Ausführung, die zudem nicht nur handwerkliches Können gegenüber der Schalungsherstellung selbst, sondern auch bezüglich der Betonverarbeitung verlangt einschließlich der Handhabung des geeigneten Trennmittels. Wichtig ist zudem eine ausreichende Konizität der aufgehenden Rippenflächen, um eine strukturbezogene, saubere Ausschalung sicherzustellen. Auch die Montage und Demontage der räumlichen Schalung muss konstruktiv überlegt sein, um ein Minimum an Wirtschaftlichkeit erzielen zu können, sofern es sich um mehrfache Einsätze handelt. Zudem kommt ein weiteres hinzu: Im Gegensatz zu industriell vorgefertigten, in sich geschlossenen und fugenlosen, meist Kunststoffraumkörper, ist die vorgefertigte Schalung durch Konstruktionsfugen „belastet", unterliegt u. U. witterungsbedingten Bewegungen und bedarf in jedem Fall zur Vermeidung von Versandungen u. ä. sorgfältiger Eckabdichtungen. Nur so ist ein gutes Sichtbeton-Ergebnis möglich.

2.40 Systemkassetten- bzw. Rippendeckenschalungen: unschöne Anschlüsse

Erscheinungsbild

Sofern man im vorliegenden Fall überhaupt von Schaden sprechen kann, betrifft er generell die Gratbildungen oder Versprünge zwischen benachbarten Basisrändern. Das Erscheinungsbild ist bei Faserzement- oder Kunststoff-Formschalungen bedingt durch Dickendimension und mangelnde Geradlinigkeit häufig anzutreffen. Im vorliegenden Fall sind Undichtigkeiten im Basisbereich gegeben, die nicht nur die Planebenflächigkeit dieser oftmals als Sichtfläche in Erscheinung tretenden Partie beeinträchtigen, sondern oftmals auch zu Absandungen, Nestbildungen führen oder sich in Form von Gratbildungen bemerkbar machen. Sie ziehen nicht unerhebliche Nacharbeiten nach sich und verursachen damit zusätzliche Kosten, von der optischen Minderung infolge unsauberer Naht ganz abgesehen.

Gutachterliche Einstufung (Schalungsfehler)

Letztlich hängt es von der Leistungsbeschreibung ab, ob das o. a. Erscheinungsbild als Mangel einzustufen ist. Es ist Aufgabe des Planers, auf Differenzen des Ergebnisses zur Leistungsbeschreibung hinzuweisen.

Enthält jedoch die Leistungsbeschreibung nur vage Anforderungen, z. B. „Erstellung einer Sichtbeton-Kassettendecke mit den oder jenen Formaten", und keine präzisen Hinweise, auf welche konstruktive Weise das Ergebnis erzielt werden soll, so ist der Auftragnehmer gut beraten, wenn er im Sinne § 4 VOB/B Abs. 3 [1.6] „fachliche Bedenken" anmeldet und so die Verantwortlichkeit für Bauschäden, wie obige, an den Auftraggeber zurückfällt.

Wird in der Leistungsbeschreibung eine qualitativ hochwertige Oberflächengestaltung der Basisbereiche verlangt, die den gesteigerten Anforderungen eines Sichtbetons genügen soll, so ist der Auftragnehmer für die materialgerechte Ausführung verantwortlich. Mängel werden als solche vom Sachverständigen beurteilt und die Kosten für eine einwandfreie Regenerierung fallen zulasten des Auftragnehmers.

Einschränkend ist der Hinweis wichtig, dass sich die Forderung, Sichtbeton zu erzielen, bei räumlich zueinander geordneten Betonoberflächen, die in einem Arbeitsgang betoniert werden, nur auf die **Basis** beziehen kann. Alle anderen Flächen sind nicht farbtonschattierungsfrei zu erstellen bedingt durch die unvermeidlichen Überschneidungen der Verdichtungsfrequenzen. Es liegt am Auftragnehmer, auf diese Einschränkung während der Arbeitsvorbereitung – also nach dem Zuschlag – unmissverständlich hinzuweisen.

Beseitigung

Betonkosmetik, d. h. Schleifen und Spachteln, sind die handwerksgerechten Methoden zur Beseitigung solcher Mängel. Schleifarbeiten wird der Betonverarbeiter in jedem Fall selbst erledigen müssen und er ist gut beraten, diese unmittelbar nach dem Ausschalen durchzuführen. Hier gilt es also, darauf erneut hinzuweisen, die Leistungsbeschreibung vorher genau zu studieren.

Vorbeugung

Erfahrungsgemäß gibt es nur eine technisch und gestalterisch empfehlenswerte Maßnahme, nämlich den Einsatz von T-Profilleisten zwischen den benachbarten Plattenrändern, wobei die seitlichen Flächen in Form eines Rhombus zwecks besserer Ausschalung abgeschrägt sein sollten.

Hierzu sind Nadelholzleisten zweckdienlicher als solche aus Laubholz, sofern Sonderwünsche im Querschnitt geäußert werden. Ansonsten bietet die Industrie diverse Garnituren aus Kunststoff an, die sich leicht befestigen, ausschalen und wiederverwenden lassen.

Nicht vergessen sollte man jedoch, und das gilt alternativ für alle Leisten, dass es sich dabei nicht um eine konstruktive Abdichtung, sondern ausschließlich um eine geometrische Korrektur handelt, und die Baustelle gut beraten ist, in jedem Fall zusätzlich eine entsprechende Schaumstoff-Abdichtung vorzunehmen, bei denen die Einlage möglichst flach zusammengepresst werden kann. Nur auf diese Weise sind Form und Flächenqualität gewährleistet und ist mit einem fachgerechten Ergebnis zu rechnen.

2.41 Offene, sandsteinartige Oberflächenstrukturen

Schadensursache (materialbedingte Mängel durch die Schalung)

Auch wenn man davon ausgeht, dass Hartfaserplattenschalungen der Vergangenheit angehören, so geben u. U. trotzdem Preisvergleiche mit hochwertigen, befilmten Sperrholzschalungen oftmals den Ausschlag für unerfahrene Baufirmen, sie versuchsweise auch für Sichtbeton einzusetzen. Meist handelt es sich dabei um kleinere Objekte mit ein- oder zweifachem Einsatz, bei denen man verständlicherweise sparen möchte.

Material bestimmend aber ist nicht die Einsatzhäufigkeit und/oder der Preis einer Hautplatte, sondern allein das geforderte Betonflächenergebnis. (Siehe auch die neue Mängel-Definition innerhalb der VOB/B). Eine kantenweiche Platte, wie es die Hartfaserplatte unter ungünstigen Bedingungen sein kann, die zudem noch mit normalem Mineralöltrennmittel „satt" behandelt wurde, muss in den Fugenbereichen zu labilen Betonbegrenzungen und auf den Flächen zu sandsteinartigen „offenen" und ungleichmäßigen Strukturen führen, die im Widerspruch zu einer planeben-glatten Sichtbetonausführung stehen. Das gilt für die einfache Hartfaserplatte, aber im Zusammenhang mit mehrfacher Einsatzhäufigkeit auch für die ölgehärtete Ausführung, ganz abgesehen von anderen Erscheinungen, wie sie sich u. U. bei Platten, die trocken montiert und sowohl durch Witterungseinflüsse als auch seitens des Betonwassers zur hohen Eigenfeuchte gebracht wurden, in Form erheblicher Oberflächenwellen ergeben können. Hartfaserplatten als Betonschalung mögen ihren Zweck als kleine Zuschnitteinheiten bei untergeordneten Flächen, nicht aber bei hochwertigem Sichtbeton erfüllen.

Gutachterliche Einstufung

Wer in Unkenntnis der Materie eine Hartfaserplatte für Sichtbeton verwendet, trägt die Last der Verantwortung, wenn es zu Mängelrügen kommt und insbesondere für die sich daraus ergebenden Nachfolgekosten zur Regeneration der Schalungsfläche.

Beseitigung

Bei derart strukturoffenen Betonflächen verlangt die verstärkte Karbonatisierungsneigung vorrangig eine Überprüfung der vorhandenen Betondeckung. Zugleich ist die Gefügefestigkeit der Oberfläche zu ermitteln und, sofern diese nicht ausreichend erscheint, durch eine Mineralisierung (Fluatbehandlung) zu verfestigen.

Bei unzulänglicher Betondeckung sollte für eine imprägnierende Hydrophobierung gesorgt werden.

Vorbeugung

Fragwürdige Schalungen sind nicht zu ersetzen. Dazu gehört die Hartfaserplatte. Grundkenntnisse der Sichtbeton-Planung [3.1] sind Voraussetzung.

2.42 Unterschiedlich ausgeprägte Oberflächenstrukturen

Erscheinungsbild

Ob und inwieweit hier eine Mängelrüge gerechtfertigt ist, zeigt erst die Fassade mit industriell vorgefertigten Struktur-Sichtbetonelementen. Dabei dürfte es eine Sache des Einfühlungsvermögens sein, die Platten jeweils optisch zueinander passend zu montieren, um damit dem Gesamteindruck des Objektes architektonisch gerecht zu werden.

Es ist jedoch sicher, dass man für gleichen Beton ebenso gleichen Zement und Gesteinskörnung benötigt wie eine übereinstimmende Schalung. Dabei ist es nicht entscheidend, ob die Textur selbst synchron ist, sondern auch der Grad, die Ausdruckform der Maserung, müssen optisch stimmen. Das aber ist zwischen Original und Matrizenabzug nicht immer der Fall. Das Duplikat ist im Vergleich zur sandgestrahlten Originalfläche „flach" und demzufolge auch die Reproduktion erheblich ausdrucksloser. Dabei kann man voraussetzen, dass sich die sehr störenden Gegensätzlichkeiten von Einsatz zu Einsatz steigern und im unmittelbaren Vergleich an der Fassade bis zur Mängelrüge „hochspielen". Geht der Schadenserkenntnis auch noch die Gedankenlosigkeit voraus, original reproduzierte Einheiten mit den Ergebnissen der Duplikate zu mischen, so ist eine Reklamation die berechtigte Folge.

Gutachterliche Einstufung

Die Übereinstimmung nach Maß unterliegt den unterschiedlichen Sichtbetonklassen zulässigen Toleranzen, die messbar sind. Optische Spielräume dagegen hängen vom persönlichen Geschmack des Planers oder Bauherrn – natürlich auch des Auftragnehmers ab, nur ist dessen Auffassung sekundärer Natur –, und so stellt sich auch dem neutralen Gutachter die Frage nach der eventuellen Einschränkung des Gebrauchs- oder Verkehrswertes.

Dabei ergibt sich, dass man sich über das Ergebnis der Schalung kaum wird streiten können, sofern die äußere Harmonie des ganzen Bauwerkes gewährleistet ist.

Auch wenn unterschiedliche Reproduktionsqualitäten einer Schalung, also Original und abgezogene Matrize, am gleichen Objekt zum Einsatz kommen, so ergibt sich damit keine Rechtfertigung für eine Beanstandung. Voraussetzung ist, dass die Einheitlichkeit der Schalungen, also hier nur Originale und dort nur Reproduktionen, innerhalb der verschiedenen Baubereiche gewährleistet ist. Erst wenn beide Schalungen in benachbarten Flächen durcheinander eingesetzt werden und damit unterschiedliche Farbtöne die Folge sein können, ist eine Mängelrüge möglich. Dann ergeben sich auch keine Kontraste, denn man kann davon ausgehen, dass mit dem jeweils unterschiedlichen Lichteinfall auch gleiche Strukturen verschieden erscheinen. Eine Beanstandung ist damit nicht mehr gerechtfertigt. Wird allerdings mehr oder minder wahllos gefertigt und montiert, ist nicht nur der Anspruch auf Sichtbetonzuschlag verspielt, sondern es kann sogar zu zusätzlichen Wertminderungen und Überarbeitungskosten nicht unerheblichen Ausmaßes kommen, für die dann allein der Hersteller verantwortlich zeichnet.

Beseitigung

Man kann sich, sofern man es mit einem optischen Konglomerat an Farbtönen und Strukturabweichungen zu tun hat, jeweils nur einer ganzen Gebäudefläche widmen, und der Auftragnehmer kann allein aus finanziellen Gründen nur hoffen, dass sich eine materialgleiche Vergütung auf kunstharzvergüteter Zementschlämmenbasis praktizieren lässt. Dann fallen zwar die Kosten dafür an, aber es rechtfertigt sich keine zusätzliche Wertminderung. Wenn also Nacharbeiten, dann mittels mineralischen, hydraulisch abbindenden Materials.

Vorbeugung

Aus den vorstehenden Ausführungen kann man folgern, dass geschlossene Fassadenflächen *nur* mit einem Schalungs-Typ, also Original **oder** Duplikat, zu erstellen sind, will man Reklamationen vorbeugen.

2.43 Strukturbeton – Fugenausbildung

Schadensursache

Es gibt individuelle Sichtbetonwünsche, bei denen das Ergebnis immer Glückssache sein wird. Dazu gehören u. a. Rohrgeflechte als Betonschalung. Man kann davon ausgehen, dass für die meisten Bauunternehmen der erste diesbezügliche Einsatz auch der Letzte ist. Besonders die Anschlussbereiche der Matten haben es konstruktiv in sich und der Planer ist gut beraten, bei vertikaler Struktur ober- und unterhalb der Matten Gestaltungsfugen in Form ausreichend großer Profilleisten vorzusehen und die Matten im seitlichen Anschlussbereich geringfügig zu überlappen. Strukturelle Abweichungen im horizontalen Überlappungsstoß stellen keinen Mangel dar, da die Musterung ohnehin rustikal ist und planebenflächige Forderungen hier fehl am Platz sind. Wichtig erscheint die Notwendigkeit, die Rohrgeflechtmatten auf einer Träger-schalung zu befestigen und sie mit einem Trennmittel derart intensiv vorzubehandeln – um nicht zu sagen: zu imprägnieren –, dass die möglichst dicht liegende Struktur wenig Spielraum für Zementleim lässt. Hinzu kommt die Notwendigkeit einer mög-lichst zeitigen Ausschalfrist, denn ein ausgehärteter Beton gibt im hinter gefügten Bereich seine „Schalung" nicht mehr frei. Das Rohrgeflecht sollte im Stoßfugenbereich „eingelegt" und besonders in unmittelbaren Bereich der Fugenleiste auf dem Träger sicher befestigt sein. Eine saubere Vorarbeit sichert ein gutes Ergebnis, was keines-wegs selbstverständlich ist. Fehler können anderenfalls vorprogrammiert sein und es stellt sich die berechtigte Frage nach einer material- und fachgerechten Ausbesserung, z. B. eines abgelaufenen Nestbereiches o. ä.

Abb. 2.43–1 Strukturbeton – Schalhautfugen

Gutachterliche Einstufung

Solche Sonderausführungen setzen einmal ein unmittelbares, praxisbezogenes Engagement des Planverfassers und damit die Bereitschaft des Zusammenspiels mit dem Auftragnehmer voraus. Weiterhin sollte man eine „Musterfläche" erstellen, sozusagen als Ausgangsbasis einer späteren Qualitätseinstufung.

Schließlich ist ein ausreichend großer Toleranzmaßstab unumgänglich, da es für derartige Sichtbetonausführungen keinen festen Maßstab geben kann. So, wie bei Brett materialbezogene Wölbungen einbezogen werden müssen, ist auch bei einer rohrgeflechtgeschalten Einheit u. ä. ein starres Festhalten an bestimmten Dimensionen nicht gerechtfertigt. Entscheidend ist, dass die technischen Belange gem. DIN 1045–1 [1.3.1], d. h. u. a. die Festigkeit des Betons, und die gerade hier mit ihrer offenen Struktur unumgängliche Mindestüberdeckung der Bewehrung gesichert sind. Danach richtet sich die Begutachtung.

Beseitigung

Haben sich technisch unvertretbare und optisch stark mindernde Fehler eingeschlichen, also z. B. ein größeres Nest, dann stellt sich die Frage nach der fachgerechten Ausbesserung. Im Gegensatz zur brettgeschalten Struktur-Sichtbetonfläche bedarf es hier einer sorgfältigen Handhabung wie folgt:

Zunächst sind die Schadensstellen rechteckig entsprechend der Schadenstiefe mit einer Trennscheibe zu begrenzen, die Schadensflächen planeben auszustemmen und zu säubern. Dabei sollte man bemüht sein, den Bewehrungsbereich nicht anzugreifen.

Der ausgekofferte Bereich wird dann bis ca. 1 cm unter dem Strukturansatz mit kunstharzvergütetem Zement-Quarzsandmörtel, Größtkorn = ca. 1/3 der Schichthöhe, nach Vorlage einer gleichgearteten Grundierung ausgefüllt. Sofern die Höhe über 2 cm beträgt, muss mehrlagig gearbeitet werden. Bei der nun folgenden Wiederherstellung der Rohrgeflechtstruktur geht es vorrangig um die zementbezogene Mischung des passenden Farbtones, in Gemeinsamkeit mit sauberem Quarzsand 0/2 mm, mit etwa einem 10 %-igen Anteil 0/0,25 mm.

Der gewünschte Farbton des Trockengutes, Zement PZ 35 F und Weißzement gleicher Güte, und gewaschener Quarzsand, wird durch Abstimmung der Zementmengen erreicht. Dabei besteht die Zugabeflächigkeit nach Angabe des Kunstharzdispersions-Herstellers etwa jeweils zur Hälfte aus Emulsion und Wasser und dient vorab als Grundierung, um Nass-in-Nass den Feinmörtel bis oberhalb der benachbarten Strukturhöhe einzubringen und zu glätten.

Nach Anziehen des Mörtels, mit einem leichten Fingerdruck von oben zu testen, da die Aushärtung von außen nach innen erfolgt, wird die vorbereitete, d. h. in der Größe passende und intensiv mit Trennmittel vorbehandelte Strukturschalung auf- bzw. eingedrückt und mittels Gummi- oder Holzhammer auf die gewünschte Tiefe geklopft. Nach dem Abheben der Passschalung werden die evtl. unsauberen Ränder nachgearbeitet.

Vorbeugung

Ergibt sich aus dem vorher Gesagten.

2.44 Sandgestrahlte Sichtbetonflächen – Porosität

Schadensursache (Betonverarbeitung)

Die Forderung nach Betonflächen „möglichst ohne Poren" ist landläufig bekannt und wird von vielen Auftragnehmern widerspruchslos hingenommen. Somit stellt sich die Frage nach der Unumgänglichkeit derartiger Erscheinungen bzw. nach den sich daraus ergebenden Konsequenzen. Tatsache ist, dass wir bei saugenden Schalungen davon ausgehen können, dass Lunker nicht oder zumindest kaum auftreten, dafür aber andere Mängel gegeben sein können. Die Ursache liegt in der „offenen" Oberflächenstruktur dieser Schalungen begründet.

Bei dichten, nicht saugenden Schalungen hängt der Porengehalt der Oberfläche zunächst von der strukturellen Ausgeglichenheit des Betongefüges, mit anderen Worten: vom Mehlkorngehalt, ab. Er neigt zur Vielzähligkeit, sofern der Mehlkorngehalt über den Empfehlungen der DIN 1045–1 [1.3.1] liegt, man es zudem mit einer durch Überdosierung des Trennmittels klebrigen Schalung zu tun hat und der Beton, besonders im Schalungsbereich, nicht intensiv genug verdichtet wurde. Dabei geht man je nach Betonkonsistenz davon aus, dass der Kubikmeter Beton 6 bis 10 Minuten zu entlüften ist, selbstverständlich abhängig vom Rauigkeitskoeffizienten, also der Art der Schalung und der Form des Betonkörpers. Auch die Kraftschlüssigkeit der Schalung einschließlich ihrer Unterkonstruktion kann von Einfluss auf den Porenanteil sein. Ein poröser Beton stellt praktisch eine Steigerung des Kapillargefüges dar, weil damit der Kalkhydratanteil drastisch zunimmt und unter Einfluss der Witterung die Oberflächenkarbonatisierung zu einer schnellen Aufhellung führen kann. Wird dagegen ein Bereich intensiv hydrophobiert, fällt sie im Farbton sichtbar ab. Erfahrungsgemäß rechnet man hier mit einem Millimeter Karbonatisierungsfortschritt pro Jahr. Um in diesem Zusammenhang die Bewehrung zumindest hinlänglich gegen Feuchtigkeit von außen zu schützen, ist es immer ratsam, porenoffene, saugende Betonflächen intensiv, am besten auf Siloxanbasis, zu hydrophobieren.

Gutachterliche Einstufung

Bei allen Zugeständnissen an gestalterische Effekte im Zusammenhang auch gewaschener Betonflächen bleibt es eine Erkenntnis unserer Zeit, dass es eine stark verunreinigte Atmosphäre unumgänglich macht, Neubaubetonflächen mit einem atmungsaktiven Schutz zu versehen. Man sagt derartigen Maßnahmen zwar eine Forderung der Karbonatisierung nach, doch beschränken sich diese nur auf die alleroberste Struktur von max. 1 bis 2 mm. Man hat dafür aber den Vorteil, Oberflächenwasser abzuweisen, Kalkausblühungen flächig zu bremsen, indem der chemische Umwandlungsprozess von Kalziumhydroxid in Kalziumkarbonat von innen gespeist, mehr oder minder unsichtbar abläuft und zudem zur Sinterung des Betongefüges führt.

Beseitigung

Die Maßnahmen ergeben sich aus dem Vorhergehen in Form material- und fachgerechter Hydrophobierung.

2.45 Schleppwassereffekte – bei glatten Schalungen

Schadensursache (Betonverarbeitung)

DIN 4235 [1.7] Blatt 2 „Rütteln von bewehrtem Beton mit Innenrüttlern" weist unter Abs. 6.2.4 nicht zufällig auf die Notwendigkeit hin, Schüttlagenhöhen möglichst nicht über 0,5 m zu wählen. Demgegenüber ist es durchaus verständlich, wenn im Zeitalter des Transport- und Pumpbetons die Neigung besteht, insbesondere schlanke Baukörper, also z. B. Stützenschalungen, in einem Guss zu schütten.

Ob es sich um Leicht- oder Normalbeton handelt, ist zweitrangig im Hinblick auf den Termin, der einzuhalten ist. Schalungsgleiche Flächenqualität setzt man einfach voraus. Das ist aber häufig nicht mehr der Fall, und zwar besonders dann, wenn es sich um befilmte, nicht saugende Schalungen und Schalungssysteme handelt. Denn je glatter die Schalung, je höher die kontinuierliche Betoneinfüllung, desto intensiver der Trend zur sog. „Schleppwasserbildung", d. h. zum Auftrieb des überschüssigen Zugabewassers unter Mitnahme von Zement- und Mehlkornbestandteilen. Dabei ist es durchaus möglich, dass dieser Trend durch ein zunächst klebendes Trennmittel bis zu dem Augenblick intensiviert wird, wo unter Einfluss der Verdichtung Bewegung in das relativ lockere und durch Luft- und Wassereinschlüsse an der Schalung gekennzeichnete Gefüge kommt und dann eben diese Wasser- und Luftbestandteile entlang der glatten Schalung nach oben steigen. Der Name „Schleppwasser" spiegelt die Funktion wieder, dass feine und z. T. sogar kleinere Zement- und Zuschlagbestandteile, bei Leichtzuschlag auch mittlere und große, da hier ein geringes spezifisches Gewicht gegeben ist, nach oben geschleppt werden.

Das erstrebte Sichtbetonbild ist dahin und weist sowohl eine optische Unruhe als auch eine strukturelle Rauigkeit und Ungleichmäßigkeit auf, die mit Sicherheit im Widerspruch zur gezielt eingesetzten Schalung steht.

Abb. 2.45–1
Schleppwasser Erscheinungen

Gutachterliche Einstufung

Von Sichtbeton ist keine Rede, denn eine gestalterische Einheitlichkeit der Fläche ist nicht gegeben. Deshalb ist keine Sichtbeton-Minderung bzw. Betonkosmetik erforderlich.

Beseitigung

In Anbetracht der strukturellen Rauigkeit, die eine Schleppwasserfläche kennzeichnet, kann davon ausgegangen werden, dass sie für die Bearbeitung mit mineralischem, sog. modifiziertem Mörtel wie geschaffen ist in Form einer Betonkosmetik.

Vorbeugung

Die entsprechenden Maßnahmen ergeben sich aus der Mängelanalyse, derzufolge der Beton in Lagen bis zu max. 0,5 m einzubringen und im Nadelstichverfahren sorgfältig, insbesondere entlang der glatten Schalung und in Anlehnung an DIN 4235 [1.7], zu verdichten ist.

Auch sollte darauf geachtet werden, dass die zur Anwendung kommenden Trennmittel dünn und gleichmäßig dosiert werden und klebefrei sind, damit Luft- und Wasserüberschüsse keinen Halt finden.

Die Schalungsbelange sind somit gewissenhaft mit denen des Betons und der Bewehrung, d. h. unter der Voraussetzung eines größtkornabhängigen, ausreichenden Bewegungsspielraumes zur Schalung und zu den benachbarten Stäben, auf einen gemeinsamen Nenner zu bringen.

2.46 „Bluten" – Wasserausscheidung des Betons

Schadensursache

Hier haben wir es mit einem ähnlichen Effekt wie beim sog. „Schleppwasser" zu tun und auch die Ursachen haben Parallelen. So spielt z. B. das Wasserrückhaltevermögen des Zementes eine bedeutsame Rolle, das um so größer ist, je höher die Mahlfeinheit, der sog. Blaine-Wert, oder anders gesagt, der Wasserbedarf im Zuge der Hydratation ist. Ein grobkörniger Zement ist allergisch gegen ein Überangebot an Wasser, und wenn dann als Zweites auch der Mehlkornanteil des Zuschlages, der Feinstsand 0/0,25 mm, der lt. DIN 1045-1 [1.3.1] Bezug nehmend auf das Größtkorn empfohlen wird, zu gering ist, und wir es mit einer nicht saugenden, porengeschlossenen, oberflächenglatten Schalung zu tun haben, so kommt es insbesondere bei zu hohen Schüttabschnitten unter Einfluss intensiver Verdichtung zum Abwandern des Überschusswassers nach oben unter partieller Mitnahme von Feinzuschlägen. Man hat es dann mit dem sog. „Bluten" zu tun. „Blutungen" unterscheiden sich durch „Rinnsale" vom flächigen „Schleppwassereffekt", der z. T. auch durch das Mitschwingen einer nicht kraftschlüssigen Schalung unterstützt werden kann. „Bluten" ist eine Wasserverdrängung nach oben unter Mitnahme von feiner Gesteinskörnung.

Gutachterliche Einstufung

Da es sich hier vorrangig um eine betontechnologische Diskrepanz, eine fehlerhafte Ausgeglichenheit des Betongefüges mit nachfolgenden Verarbeitungsfehlern handelt, liegt die Verantwortung beim Rohbauunternehmer. Generell haben wir es mit einem optischen Fehler zu tun, sofern man bei partiell abgesandeten, strukturoffenen Flächen davon ausgehen muss, dass mit „Bluterscheinungen" die Karbonatisierung eine Beschleunigung erfahren kann. Insofern ist eine material- und fachgerechte Überarbeitung notwendig, deren Kosten die Bauunternehmung trägt.

Beseitigung

Wie o. a. haben wir es mit einem optischen Mangel zu tun, dessen Ausbesserung von dem Bemühen geleitet sein muss, den Sichtbetoncharakter zu erhalten. Da es sich bei

„Blutungen" meist um partielle, nach oben führende Rinnsale handelt, muss mit „Fingerspitzengefühl" der passende Farbton gesucht werden. Das bedeutet den Einsatz des beim Objekt gehandhabten Zementes unter gleichzeitiger Aufhellung, da mit dem Mörtel bzw. der Schlämme ein feineres Gefüge entsteht, das normalerweise im Farbton dunkler ist. Man nehme – und das gilt für alle ähnlichen Handhabungen – ein Reagenzglas und gebe die vermutete Mischung PZ 35er Zement + Weißzement + Quarzmehl (bei Mörtel Quarzkörnung ca. 1/3 der Schichthöhe) hinein, schüttle alle Teile intensiv durch und der sich dann anzeichnende Farbton entspricht in etwa der abgebundenen Betonfarbe. Auch hier spielt Erfahrung eine maßgebliche Rolle. Haben wir es mit technisch-funktionellen Flächen, z. B. des Innenausbaues, zu tun, kann es nur darum gehen, eine niveaugleiche Überarbeitung mit modifiziertem Mörtel bzw. einer angedickten Schlämme vorzunehmen.

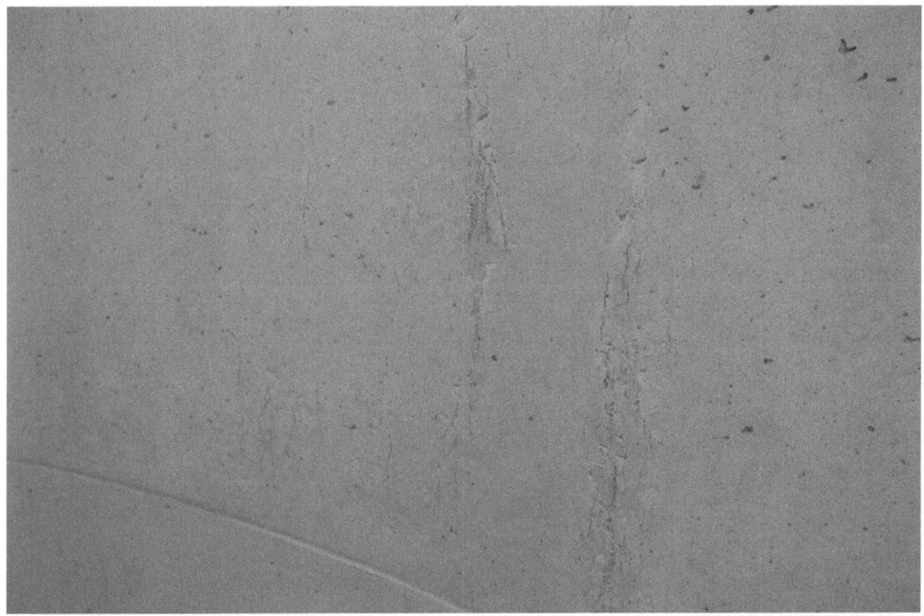

Abb. 2.46–1   „Bluten" Schleppwassereffekt

Vorbeugung

Um „Blutungen" von Anbeginn zu begegnen, ist es ratsam, für eine strukturelle Ausgeglichenheit des Betongefüges zu sorgen. Das betrifft sowohl den Zement nach Art und Menge, wie der angepassten Zusammensetzung der Gesteinkörnung, insbesondere das Mehlkorn und die Wasserdosierung.

Vor allen Dingen bei nicht saugenden, glatten Schalungen ohne eigenen Wasserbedarf achtet man gem. DIN 4235 [1.7] auf Schüttlagenhöhe und Verdichtung. Einen Beton mit einem schlechten Wasserrückhaltevermögen erkennt man eindeutig am schnellen Absondern des Zugabewassers auf der Betonfläche und insbesondere im Oberflächenbereich der Betonschalung.

2.47 „Lunker" – Luft- bzw. Wassereinschlüsse

Schadensursache (Betonverarbeitung)

Schlanke Stützenquerschnitte und nicht saugende, also porendichte (z. B. befilmte) Stahlschalung als Schalung veranlassen den Betonverarbeiter von Transport- und Pumpbeton mehr und mehr (unter Außerachtlassung der Hinweis der Verdichtungs-DIN 4235 [1.7]), den Schalungskörper in einem Guss vollzuschütten.

Wurde einerseits eine konstruktiv fachgerecht dichte Schalung erstellt und andererseits die maximale Gesteinskörnung mit Rücksicht auf das räumlich begrenzte Volumen des Bauteils auf 16 mm begrenzt und damit lt. DIN 1045-1 [1.3.1] der Mehlkornanteil auf 450 kg/m³ erhöht, dann sind Lufteinschlüsse von überschüssigem Zugabewasser vorprogrammiert und Lunker Bestandteile der Sichtbetonstütze.

Abb. 2.47–1
Lunker auf glatter Betonoberfläche

Solange diese gleichmäßig verteilt und „normal" dimensioniert sind, d. h. etwa die Größe eines viertel Quadratzentimeters nicht überschreiten, lässt sich kaum eine Mängelrüge rechtfertigen, zumindest nicht in technischer Hinsicht. Optisch mag jeder

Bauherr seine eigene Auffassung haben und der Planverfasser, dessen Ausschreibung lautet „möglichst ohne Poren", wird sich mit einem gewissen Lunkeranteil abfinden müssen, sofern nachweislich die allgemeinen verarbeitungstechnischen Fakten, z. B. der Trennmittelauftrag u. a. m., stimmen.

Lunker oder Luft- bzw. Wassereinschlüsse, die vereinzelt die Größe mehrerer Quadratzentimeter und vor allen Dingen Tiefen über einen Zentimeter aufweisen, mögen optisch noch dekorativ wirken und das Aussehen einer Sichtbetonstütze nur bedingt stören, technisch aber sind die zweifellos ein Mangel. Sie müssen im gleichen Farbton fach- und materialgerecht verschlossen werden.

Gutachterliche Einstufung

Lunker sind bei ausgeglichener Verteilung und normaler Dimensionierung „Schönheitsfehler" und im Zusammenhang mit nicht saugenden Schalungen kaum ganz zu vermeiden. Demzufolge rechtfertigt die Forderung des Leistungsbeschriebes nach Porenlosigkeit die Anmeldung „fachlicher Bedenken" gem. VOB/B § 4 Abs. 3 [1.6].

Flächig konzentrierte Lunker dagegen können, besonders sofern sie vereinzelt mit mehreren Quadratzentimetern und bis zu einem Zentimeter tief sind, sowohl den optischen Eindruck eines Sichtbetons über Gebühr mindern und partiell wegen eines frühzeitigeren Alkaliabbaus einen technischen Mangel darstellen, für dessen Beseitigung der Betonverarbeiter verantwortlich ist.

Auch im Bereich des Innenausbaus sind übliche, kleinporige und gleichmäßig verteilte Lunker keine Rechtfertigung eines finanziellen Zuschlages. Hier stören auch größer dimensionierte Lunkern nicht, dagegen kann Einspruch gegen flächige Anballung von Luft- und Wassereinschlüssen erhoben werden, da hier ein Mehraufwand an Teil- und Fleckspachtelung erforderlich ist.

Unter diesen Gesichtspunkten erfolgt die Begutachtung. Eine praxisgerechte Formulierung der Leistungsbeschreibung im Hinblick auf die „Sichtbetonklassen" ist anzustreben.

Beseitigung

Zur Beseitigung ist hohes handwerkliches Können gefordert, weil der Farbton des eingesetzten, modifizierten Feinmörtels auf Zementbasis die entscheidende Rolle für das fach- und materialgerechte Ergebnis spielt. Dabei bediene man sich am besten des gleichen Zementes wie am Objekt und ergänze ihn, etwa im Mischungsverhältnis 1 : 3 RT, mit sauberem Quarzmehl 0/0,25 mm, fülle die Trockenmischung in ein Reagenzglas, schüttele intensiv durch und vergleiche den Farbton des Trockengutes mit dem des auszubessernden Sichtbetons. Erfahrungsgemäß ist dieser zu dunkel und muss mit etwas Weißzement aufgehellt werden. Wenn man die passende Mischung erreicht zu haben glaubt, sollte mechanisch am besten auf einer Faserzementplatte, auf die man vorher Trennmittel aufgetragen hat, ein kleines, etwa 20/10 cm großes, 1 cm dickes Probeplättchen erstellen, um den Farbton auf seine Übereinstimmung mit dem Objekt zu prüfen.

Diese Vorleistung mag aufwendig erscheinen, doch ist sie dadurch gerechtfertigt, dass man mit einer materialgerechten, partiellen Bearbeitung eine ganzflächige Behandlung und damit erhebliche Kosten spart. Als Zugabewasser dient eine Mischung – nach Herstellerrezept – von Wasser und Kunststoffdispersion, etwa 1 : 1, das gleichzeitig als Grundierung vorzulegen ist. Um sedimentationsbedingte spätere Farbtonunterschiede, z. B. bei Niederschlag, zu vermeiden, kann eine ganzflächige Hydrophobierung, z. B. auf Siloxanbasis, zweckdienlich sein.

Vorbeugung

Einsatz eines klebefreien Trennmittels und abschnittsweise Betonieren und Verdichten gem. DIN 4235 [1.7].

2.48 Abdruck von Schalungsrissen auf der Sichtbetonoberfläche

Schadensursache

Ob, wie in diesem Fall, eine film- und deckfurniergerissene Schalungsoberfläche, eine unausgehärtete Kunstharzvergütung oder anderes vorliegt, sie alle sind Mängel, die der Verarbeiter nicht voraussehen konnte und für die er auch nicht verantwortlich gemacht werden kann.

Für ihn sind es Betonflächenfehler, die seitens seines Auftraggebers zur Mängelrüge führen und die er fach- und materialgerecht zu beseitigen hat, sofern sie im Widerspruch zur Leistungsbeschreibung stehen.

Gerissene Schalungsdeckflächen führen im übertragenen Sinne zum Abdruck auf der Betonfläche und stehen z. B. im Widerspruch zur Sichtbetonforderung, auch wenn die Schalungsausführung konstruktiv noch so gewissenhaft aufgeführt wurde.

Der Auftragnehmer steht in einem Gewährleistungsverhältnis zum Auftraggeber und muss unabhängig von der Schadensursache und deren Verantwortlichkeit für die Beseitigung des Fehlers sorgen. Sind die Ursachen eines Betonoberflächen-Mangels auf trotz materialgerechter Handhabung unvorhersehbare Mängel der Schalung zurückzuführen und ergeben sich diesbezüglich Forderungen gegenüber Schalungshersteller oder Lieferant, dann erscheint es sinnvoll, einen Schalungs-Sachverständigen hinzuzuziehen.

Sind die Mängel dagegen auf konstruktive Unzulänglichkeiten des Zusammenbaus oder äußere Feuchtigkeitseinwirkungen zurückzuführen u .a. m., dann steht der Schalungsunternehmer dafür gerade. Das gilt z. B. für offene Fugen aller Art und deren

Folgen genauso wie für Durchbiegungen statisch überforderter Platten, sofern diese nicht im Widerspruch zu verbindlichen Belastungshinweisen stehen.

Gutachterliche Einstufung

Der Bauunternehmer muss sich als Schalungsplattenverarbeiter auf die normgerechte Güte des von ihm verarbeiteten Materials verlassen können.

Für Fehler, die vorher nicht äußerlich erkennbar sind, also Verleimungsmängel, Rissbildungen der Deckfurniere, alkaliwidrige Inhaltsstoffe, unausgehärtete Phenole u. a. m., die sich erst im Einsatz zeigen, ist der Hersteller bzw. Lieferant verantwortlich, auch wenn in den Geschäfts- und Lieferbedingungen nicht ausdrücklich darauf hingewiesen wird,

Davon betroffen sind nicht nur der kostenlose Ersatz der Schalungen, sondern vor allen Dingen die Erstattung der Lohnkosten, die für die Ummontage oder gar Beseitigung der Betonflächenmängel anfallen können.

Insofern also ist die Mängelrüge gegenüber dem Hersteller/Lieferant der oberflächengerissenen Schalungsplatten und die Forderung nach Ersatz völlig legitim. Es ist immer ratsam, einen für diesen Bereich ö.b.u.v. Sachverständigen (Sichtbeton) einzuschalten, um die meist gegensätzlich erscheinenden Belange der Bauherren, Rohbauunternehmer und Schalungslieferanten auf einen gemeinsamen Nenner zu bringen. Sogenannte „Schiedsgutachter" haben sich in der Praxis bewährt.

Sachverständigenlisten führen die IHKs, die Architekten- und Baukammern oder die Handwerkskammern (siehe Literatur, hier „Links").

Vorbeugung

Es ist immer zu empfehlen, Schalungsplatten, welcher Art auch immer, vor der Montage auf ihre äußere Beschaffenheit hin eingehend zu prüfen und sich beim Kauf gegen spätere, beim Ersteinsatz nicht erkennbare funktionseinschränkende Mängel schriftlich abzusichern. Auch ist die Frage der Eignung bestimmter Platten-Typen möglicherweise im Rahmen der Planung [*Sichtbeton-Planung* 3.1] Arbeitsvorbereitung zu klären, wobei billig nicht gleichbedeutend ist mit wirtschaftlich.

2.49 Abdruck von Schalungsmängeln

Schadensursache

Sperrholztechnologisch waren im Rahmen der Produktion Fehler gemacht worden. Vermutlich wurde die innere Furnierseite nach außen angeordnet und das Deckfurnier zeigte Risse, es gab Zugspannungen, denen die Befilmung nicht gewachsen war. Oberflächen- bzw. alkalisches Betonwasser drang ein und führte im engen Abstand weniger Zentimeter zu parallel verlaufenden Quellriefen. Die Reproduktion auf der

Betondeckfläche zeigte sich in lang gezogenen, schwach gewölbten Nuten und führte zur Beanstandung durch den bauleitenden Architekten, der in seiner Argumentation von „spachtelfähigem Sichtbeton" sprach.

So standen zwei Mängel zur Diskussion, nämlich erstens die oberflächengerissene Schalung (im Widerspruch zur DIN 68 792 [1.16]) und zweitens die durch parallel verlaufende Riefen gekennzeichnete Deckenuntersicht, die sich angeblich im Widerspruch zur Leistungsbeschreibung befand.

Gutachterliche Einstufung

Bei jeder Begutachtung gilt es zunächst, die betroffenen Vereinbarungen (Merkblätter, DIN-Texte) einzusehen, um Leistungsgrenzen entnehmen zu können. Bezüglich der hier angesprochenen Sperrholzbetonschalung gilt gegenüber der Oberfläche DIN 68 791 [1.15], 68 792 Abs. 5.7 [1.16], wo es u. a. heißt: *„Oberflächenvergütungsmittel (z. B. Harze, Filme, Folien) müssen **innig** und **vollflächig** mit den Deckenfurnieren der Schalungsplatte verbunden sein"* u .a. m.

Von Innigkeit und Vollflächigkeit kann im vorliegenden Fall keine Rede sein, sodass ein uneingeschränkter Anspruch auf Ersatz gegeben ist. Zuständig hierfür sind Hersteller und Händler der Sperrholzschalungen.

Was die zweite Mängelrüge (die des Bauherrn gegenüber dem Rohbauunternehmer) bezüglich der riefenbelasteten Deckenuntersicht betrifft, so gilt einerseits die ggf. vereinbarte Sichtbetonklasse bzw. DIN 18 202 [1.8] im Hinblick auf die vom Auftragnehmer bzw. dem Nachfolgegewerk zu fordernde Planebenflächigkeit der Deckenuntersicht.

Entsprechend einer sog. „oberflächenfertigen" Ausführung gilt für den Rohbau DIN 18 202, Zeile 6 [1.8], mit den hier maßgeblichen, auf die Messstrecke von 100 mm bezogenen Toleranzen von 3 mm bzw. 5 mm auf einen Meter.

DIN 18 217 [1.10] ergänzt diese Norm mit der Unterscheidung zwischen „gestalteten" Betonflächen, die verschalt und nachträglich bearbeitet werden können, sowie „Betonflächen mit technischen Anforderungen".

Es ist generell falsch, Sichtbeton nur mit planebenen Betonflächen zu identifizieren.

Beseitigung

Da es sich im Sinne der Leistungsbeschreibung keinesfalls um eine berechtigte Mängelrüge handelt, fällt die Spachtelung der durch Riefen gekennzeichneten Deckenuntersicht in den normalen handwerklichen Bereich und sollte dem Betonkosmetiker keine Schwierigkeiten bereiten. Achtung: Auch für Spachtelarbeiten gibt es Qualitätsklassen.

Vorbeugung

Mängeln der Holzschalung, die bei der Anlieferung der Platten äußerlich nicht sichtbar sind und sich erst mit dem praktischen Einsatz ergeben, kann der Verarbeiter nicht vorbeugen.

2.50 Abdruck von Rissen

Schadensursache

DIN 68 791 [1.15] und 68 792 [1.16], die den Einsatz von Großflächen-Sperrholzschalungen für Beton und Stahlbeton regeln, weisen in der Anmerkung zur Abs. 5 Nr. 7 u. a. daraufhin, dass *„Schalungsplatten physikalisch-chemischen Gesetzmäßigkeiten unterliegen, die dazu führen können, dass durch äußere Einflüsse bedingte Veränderungen, wie z. B. Quellungen und Schwindungen, f e i n e Risse auftreten"*.

Der Praktiker fragt sich in diesem Zusammenhang, was man unter „fein" versteht, wo diese Begriffsdimension anfängt und wo sie aufhört. Gemäß DIN 18 217 [1.10] **versteht man unter „feinen" Rissbreiten solche, deren Auswirkungen auf die Reproduktion im Beton keine zusätzlichen Spachtelarbeiten erforderlich machen.** Da man generell davon ausgehen kann, dass Schalungsrisse, wie auch immer sie beschaffen sein können, auf der Betonfläche nicht als Risse reproduziert werden, sondern nur Auswirkungen auf die Schalung z. B. Quellungen übermitteln, rechtfertigen derartige Schalungsmängel zunächst einen kostenlosen Plattenersatz, wirken sich erfahrungsgemäß dann aber als Qualitätsminderung **der** Betonflächen aus, die durch Spachtelung zu egalisieren sind.

Was die Einschränkung der Normen betrifft, so sind, ähnlich wie bei der Betonfläche mit Rissen bis 0,3 mm, je nach Umweltbedingungen z. B. Haarrisse zu tolerieren.

Haarrisse oder nur Markierungen können u. U. produktionsbedingt eine Reaktion des Deckfurniers auf zu intensive Hitze oder zu großen Druck beim Pressen sein. Die Ursache braucht den Verarbeiter nicht zu interessieren, im Gegensatz zu den Rissen selbst und deren optische wie technische Auswirkung auf die Betonfläche.

Gutachterliche Einstufung

Risse im Schalungsbeton, die sich in der Betonfläche abbilden, berechtigen zur Beanstandung der Schalung. Durch die Anforderungen der Leistungsbeschreibung gegenüber Nacharbeiten muss eine derartige Schalungsreklamation nicht gleichbedeutend sein mit der Beanstandung der Betonfläche selbst. Hier bedarf es möglicherweise einer neutralen Begutachtung.

Stehen die Planebenflächigkeitsabweichungen jedoch im Widerspruch zum LV bzw. zur DIN 18 202 [1.8] bzw. Sichtbetonklassen, so hat man es mit einer Beanstandung berechtigender Wertminderung zu tun, und evtl. Nacharbeiten gehen zulasten des

Herstellers der Holzwerkstoffplatten einschließlich einer Neubelegung der Elemente im Extremfall. In jedem Fall aber ist kostenloser Materialersatz zu fordern.

Sofern berechtigt Sichtbetoneinschränkungen angemeldet und die Zuschläge einbehalten werden, trägt auch dafür der Schalungshersteller die Verantwortung und die nachfolgenden Kosten. Die Beurteilung sollte man einem Sichtbeton-Sachverständigen überlassen.

Beseitigung

Wie o. a. hat man es, von Ausnahmefällen abgesehen, bei Schalungsrissen mit Oberflächenquellungen unterschiedlicher Dimension zu tun. Erst wenn eine hochwertig geforderte Sichtbetonfläche von neutraler, dritter Seite als optisch unzumutbar beurteilt wurde, und die Oberfläche unter gestalterischen Einbußen leidet, kann eine flächige Überarbeitung in Betracht kommen, beider zunächst die Unebenheit mittels partieller, modifizierter Spachtelung beseitigt werden muss, um abschließend die gesamte Einheit mit kunstharzvergüteter Zementschlämme, evtl. angedickt mit Quarzmehl, zu vergüten. Auch hier ist eine Probebehandlung zu empfehlen.

Vorbeugung

Da sich die Risse erfahrungsgemäß erst unter dem Einfluss der Witterung, also im eingeschalten Zustand oder nach den ersten Einsätzen erkennen lassen, bietet sich für den Verarbeiter kaum eine Möglichkeit zu vorzeitiger Reaktion. Die Argumentation der Hersteller oder Lieferanten von Holzwerkstoffschalungen, das Material sei bei Eingang zu sichten, bzw. der Hinweis, berechtigte Mängelrügen könnten höchstens bis zu einem bestimmten Zeitraum Anerkennung finden, ist praxisfremd und meist nicht zu verwirklichen.

Auch stellt sich keine Frage nach den Folgekosten, sofern die Platten, materialbezogen, zu Beanstandungen berechtigen und bzgl. der Betonflächen unabwendbare Schäden bereits nachzuweisen sind. Das gilt insbesondere dann, wenn weitere Einsätze geplant sind und nur durch ein Auswechseln der Hautplatten Schäden verhindert werden können.

Auch hier gilt: Rückversichern durch Zugrundelegung der DIN 68 791 [1.15] und 68 792 [1.16].

2.51 „Risse" im Betongefüge

Schadensursache (Betonverarbeitung)

Risse sind oftmals – bedingt durch innere und äußere Einflüsse – unvermeidbare Erscheinungen der Betonflächen. Sie können als feine Oberflächenschwindrisse technisch unbedenklich erscheinen, wobei sich ihr Erscheinungsbild im Zusammenhang mit witterungsbedingter Verschmutzung durch Hydrophobierung im Sinne von Sichtbeton bewahren lässt, oder als Schrumpf-, Schalen-, Spalt- u. a. Risse auftreten und stellen in jedem Falle eine, zugspannungsbedingte, Betongefügeeinschränkung dar, die fach- und materialgerecht repariert werden muss. Voraussetzung ist, und das gilt vor allen Dingen für statisch bedingte, z. B. durch Belastungsüberforderungen, Setzungen, schlechthin durch überhöhte Eigenspannungen ausgelöste Risse, die Ermittlung der Ursache und deren Beseitigung. Entscheidend ist im Zusammenhang mit Stahlbeton, ob und inwieweit sie das Betongefüge einschränken und ob sie ggf. bis auf die Bewehrung reichen und damit Korrosionsgefahren auszulösen vermögen oder bereits verursacht haben. Es führt zu weit, im Einzelnen auf alle Rissarten und ihre auslösenden Faktoren einzugehen. Tatsache ist, dass sie technische Mängel darstellen, die Folge zu hoher Betonzugspannungen sind, eine berechtigte Reklamation ergeben und fach- und materialgerecht ausgebessert werden müssen.

Abb. 2.51–1   „Risse" im Beton

Gutachterliche Einstufung

Risse unter 0,3 mm Breite, sog. Netz-, Schwind- oder Krakeleerisse, sind je nach Umgebung, technisch unbedenklich, können aber erfahrungsgemäß nach mittlerem Zeitablauf infolge Witterungsverschmutzung, aus optischen Gründen eine Beanstandung im Rahmen der Gewährleistung nach sich ziehen sowie Sichtbeton-Minderung bringen und eine Nachbehandlung erforderlich machen.

Technische Rissmängel, und dazu gehören praktisch alle Risse über 0,3 mm, müssen, nachdem man ihre Ursache ermittelt hat, fachlich ordnungsgemäß repariert werden. Bei Sichtbeton sind auch optische Belange zu berücksichtigen.

Die gutachtliche Beurteilung hängt nicht zuletzt vom Grad der technischen Einstufung des Fehlers, der Möglichkeit einer vollwertigen Beseitigung, bei Sichtbeton auch der gestalterischen Überarbeitung ab, wobei bei technischen Zwischenlösungen die Frage des sog. „merkantilen Minderwertes" zu beantworten ist.

Beseitigung

Auf die Handhabung sog. „feiner" Risse unter 0,3 mm Breite mittels Hydrophobierung – bei bereits eingetretener Verschmutzung nach vorheriger Dampfstrahlreinigung – wurde bereits hingewiesen.

Für breitere und vor allen Dingen tiefere Gefügerisse sind grundlegendere Maßnahmen verschiedener Art notwendig, d. h. Verbreiterung des Risses mit einer Trennscheibe, Ausgießen mit niederviskosen, lösungsmittelarmen Epoxidharzen, bei breiteren Rissen ggf. mit Zement und/oder Quarzmehl angedickt oder gar, nach vorherigem oberseitigem Abdichten, Einpressen von niederviskosem Kunstharz.

Vorher sollte man sich mit dem System-Hersteller des Einpressverfahrens abstimmen. Bei Sichtbetonanforderungen ist dafür zu sorgen, dass der obere Rissbereich offenbleibt, um nachträglich für einen Abschluss auf modifizierter Basis oder auf gleichwertige Weise mittels Kunstharzmörtel zu sorgen, dass ggf. eine flächige, materialgleiche Zementschlämmenbehandlung möglich ist, um damit den gestalterisch eingeplanten Charakter zu wahren und zusätzlichen Wertminderungen – im Rahmen der Gewährleistung – aus dem Wege gehen zu können.

Vorbeugung

Hier bietet sich eine materialgerechte Betonverarbeitung einschließlich einer ordnungsgemäßen Nachbehandlung an, um einerseits unliebsamen Oberflächenspannungen vorzubeugen und den Spannungsausgleich im Betoninneren sicherzustellen. Das gilt besonders bei extremen Witterungsverhältnissen. Bei Vielzahl der Notwendigkeiten ist eine Differenzierung der jeweiligen Maßnahmen nicht möglich und man sollte sich fachlich beraten lassen. In der Statik sind „Rissbreitenbeschränkungen" – Nachweise zu berücksichtigen.

Siehe Hinweise in: *„Handbuch Sichtbeton"*[3.3]

2.52 Risse, Schwindrisse, Krakeleerisse

Schadensursache (Betonfehler)

Netz-, auch als Krakeleerisse bezeichnet, sind mehlkornbedingte Oberflächenerscheinungen ohne technische Bedeutung. Sie entstehen meist durch ungleiches Schwinden in den verschiedenen Oberflächenbereichen. Trocknet, insbesondere bei sedimentationsangereicherten Strukturen, die Betonfläche witterungsbedingt kurzfristig aus und fehlt die notwendige Nachbehandlung, so sind Materialspannungen die Folge und bei Überschreiten der Betonzugfestigkeit ergeben sich maschenförmige Rissbildungen. Je größer die Maschenweite, desto breiter und tiefer sind die Risse. Nach den anerkannten Regeln der Technik sind Risse bis 0,2 mm im Freien unbedenklich.

Sichtbar werden Risse im Sichtbeton einerseits durch dunkle, witterungsbedingte Schmutzablagerungen oder durch strukturbedingte Feuchtigkeitsgegensätze im Rissbereich. Sie saugen sich mit Wasser voll, werden zunächst dunkler und später, durch Anlagerungen des chemisch im Kalziumkarbonat umgewandeltes Kalkes, weißlich. Im letzteren Fall sintern sie zu und sind dann weitgehend gefügedicht.

Abb. 2.52–1   Krakeleerisse an der Betonoberfläche

Gutachterliche Einstufung

Rissbreiten darüber können, besonders in witterungsabgewandten Bereichen, im technischen Sinne als karbonatisierungsfördernd angesehen werden und rechtfertigen dann eine Mängelrüge bzw. die Forderung einer materialgerechten Überarbeitung.

Unter gestalterischen Gesichtspunkten sollte ein hydrophobierender „Anstrich" Bestandteil der Leistungsbeschreibung sein. Ggf. besteht die Pflicht des Auftragnehmers gem. VOB/B § 4 Abs. 3 [1.6], seinen Auftraggeber bei Sichtbeton auf die Notwendigkeit einer materialgerechten Nachbehandlung – am besten auf Siloxan-Basis bzw. bei jungen Fertigteilen mittels Silan – im Interesse längerlebiger Ansehnlichkeit hinzuweisen. Eine Abnahmeverweigerung kann sich bei der Einhaltung „zufälliger" Rissbreiten nicht ableiten lassen.

Die Anforderungen an die Dauerhaftigkeit des Sichtbetons sind u. a. erfüllt, wenn die Anforderungen gem. nachfolgender Tabelle eingehalten sind.

Tabelle 2.52–1:   (Auszug aus Tabelle 18 + 19, DIN 1045-1:2008-08)

Umgebungsklasse für Bewehrungskorrosion	Anforderungsklasse Stahlbetonbauteile	Rechenwert der Rissbreite wk [mm]
XC1 (Innenbauteil)	**F**	0,4
XC2, XC3, XC4	**E**	0,3
XD1, XD2, XD3, XS1, XS2, XS3	**E**	0,3

Die DIN 1045-1 [1.3.1] Abs. 11.2.1 (6) weist jedoch auch auf Folgendes hin:

„Für Bauteile mit besonderen Anforderungen können strengere Begrenzungen der Rissbreite erforderlich sein. Diese sind jedoch nicht Gegenstand dieser Norm."

Beseitigung

Zeigen sich Rissbildungen infolge witterungsbedingter Schmutzablagerung, dann ist einer anschließenden Hydrophobierung eine vorherige Dampfstrahlreinigung vorauszuschicken. Die Hydrophobierung selbst kann ggf. im Sinne längerer Lebensdauer und Steigerung der Erosionswiderstandsfähigkeit in Form einer Imprägnierung mit Siloxan und nachfolgender Grundierung unter zusätzlicher Verwendung von Acrylharz zur Oberflächenverfestigung ausgeführt werden (nach Angaben der Materialhersteller).

Vorbeugung

Mehlkorn ist einschließlich Zement ein fester Bestandteil jedes Zementsteins und DIN 1045-1 [1.3.1] empfiehlt größtkornabhängig eine bestimmte Menge je m³ Beton. Mit der struktur- und festigkeitsbedingten Entlüftung des Betons ergibt sich die Notwendigkeit einer mehr oder minder intensiven Verdichtung, die ihrerseits, besonders bei glatten Schalungen, vorrangig in Verbindung mit Außenrüttlern zu Oberflächensedimentationen führen kann. Hier sind entsprechende Nachbehandlungsmaßnahmen unumgänglich, um ein zu schnelles Austrocknen zu vermeiden bzw. eine materialge-

rechte Hydratation sicherzustellen. Bei Sichtbeton besteht die Gefahr von Schwitz-
wasserbildungen, sofern mit Folien bei vertikalen Flächen gearbeitet wird. Generell
sind Rissbildungen im Oberflächenbereich nicht völlig zu vermeiden. Demzufolge ist
bei anspruchsvollen gestalterischen Betonflächen, besonders im Zusammenhang mit
Pigmentierungen und dem bauseitigen Wunsch nach langfristig übereinstimmender
Farbtönung, eine Hydrophobierung ratsam.

2.53 Eckausbildung – ungerade Linienführung

Schadensursache (Schalungsfehler)

Man sieht immer wieder Eckführungen, bei denen im Intervall der Horizontalunter-
stützung wellige Linien den gestalterischen Eindruck eines Bauwerkes mindern. Bewusst hat hier die Arbeitsvorbereitung aus wirtschaftlichen Gründen auf allseitige
Längsaussteifungen verzichtet und unbewusst so zu einer optisch eingeschränkten
Leistung ihren Beitrag geleistet. Dabei ist das meist nur ein Übel, zu dem sich ein
weiteres, nämlich die mangelhafte Abdichtung stumpf ausgebildeter Eckkonstruktio-
nen, hinzugesellt. So treten neben dem ungeraden Verlauf Versandungen und ggf.
Nestbildungen in Erscheinung, oftmals unterstützt durch mangelhafte Überdeckungen in Verbindung mit vorgefertigten Bewehrungskörben.

Abb. 2.53–1
Ungerade Linienführung von Betonecken

Gutachterliche Einstufung

Mängelrügen im Eckbereich haben den großen Nachteil einer fachlich und vor allen Dingen optisch schwierigen Ausbesserung. Das gilt sowohl, wie im vorliegenden Fall, bei mangelhafter Geradlinigkeit als auch besonders im Zusammenhang mit fachwidrigen Konstruktionen und sich daraus ergebenden Versandungen und möglichen Nestern bzw. freiliegenden Bewehrungen.

Dabei handelt es sich nicht nur um optische Einschränkungen, denen man hier weniger mit modifiziertem Material, sondern mit Reaktionskunstharz-Mörteln und nachfolgendem Anstrich begegnen muss, um damit zugleich dem technischen Charakter baulicher Einschränkungen zu entsprechen. Schwerwiegender sind die Unterschreitung der erforderlichen Betondeckung – im Neubau meist zunächst nicht wahrnehmbar –, die in absehbarer Zeit im Zuge der beschleunigten Karbonatisierung zu Korrosion und damit zu Zerstörungen führen können.

Damit erübrigen sich meist die Sichtbeton-Zuschläge und es kommen Reparaturkosten und Wertminderungen hinzu. Das aber ist eine Frage individueller Objekt- und Schadensbeurteilung.

Beseitigung

Die Erfahrung hat gezeigt, dass Mängel von Eckausbildungen in ursächlichem Zusammenhang mit Unzulänglichkeiten der Bewehrung stehen, d. h. konstruktive, schalungsbedingte Schäden als logische Konsequenz einer mangelhaften Überdeckung zu betrachten sind. Wenn zwischen den vorgefertigten Bewehrungskörben und der Schalung kein ausreichender Platz ist, wird die Schalung oftmals „gezwängt" und das führt demzufolge zu Kompromissen.

Von einer nachträglichen Überarbeitung wird man hier mit Sicherheit aus Gründen der Belanglosigkeit Abstand nehmen, doch den Sichtbetonzuschlag wird man abschreiben können. Eine Sichtbetonecke muss geradlinig sein und stellt an die Schalungsdispositionen keine unlösbaren Probleme.

Vorbeugung

Zunächst ist es unumgänglich, einen Eckschenkel durchlaufen zu lassen und dann die zweite, stumpf gestoßene Hautplatte im Längsfugenbereich mittels Schaumstoffstreifen völlig anzudichten. Dann sind beide Außenwinkelflächen unmittelbar im Eckbereich, je nach Dimension, durch Längsleisten oder -kanthölzer konstruktiv zu unterstützen, die dann ihrerseits durch entsprechende Gurtungen abgefangen werden müssen. Hier steht dem Einsatz entsprechend eng gesetzter Säulenzwingen nichts im Wege. Das ist vielmehr eine Sache der Statik. Die Eckschalungen dagegen haben ausschließlich eine Funktion der Linienführung und gelten für Einzelecken genauso wie für schlanke Stützen mit vier Ecken.

Sofern Systemschalungen zur Anwendung kommen, kann sich diese Lösung erübrigen, doch muss dann die Gewähr für dichte Eckausbildungen möglichst konturenarmer Flächen gegeben sein.

Zur Herstellung von Betonfertigteilen haben sich Stahlschalungen bewährt. Die Stahlplatten werden mittels Lasertechnik verschweißt. Die Ecken sind absolut geradlinig und dicht.

2.54 Sichtbetonkosmetik

Schadensursache

Technische Fehler sind fach- und materialgerecht zu beseitigen. Optische Beeinträchtigungen gestaltender Betonflächen sind, vor allen Dingen im Zeitraum der Gewährleistung, dem ursprünglich angestrebten Ergebnis anzugleichen, d. h. Betonkosmetik.

Abb. 2.54–1   Sichtbeton–Kosmetik

Mit der zusätzlichen, flächigen Überarbeitung einer optisch fragwürdigen Ausbesserung ist ein solches Objekt ökonomisch belastet, sowohl durch die Arbeit selbst als auch ggf. durch eine nachfolgende Wertminderung.

Gutachterliche Einstufung

Die fachliche Einstufung der „kosmetischen" Beseitigung eines ausführungstechnischen Fehlers richtet sich zunächst nach dem Ergebnis, also der optischen Wirkung in Anlehnung an den ursprünglichen geforderten Sichtbeton. Dabei geht der kommerzielle Aufwand zulasten des Bauunternehmers bzw. Herstellers der Fassadenelemente o. ä. m.

Ist diese Voraussetzung gegeben, dann stellt sich die Frage nach evtl. späteren Unterhaltungsarbeiten. Die Verträglichkeit des Betonträgers mit dem Sanierungsmaterial muss festgestellt werden, und zwar unter Berücksichtigung langfristiger äußerer Einflüsse. Haben wir es dabei mit einer auf Zement basierenden, zum festen Bestandteil der Betonfläche werdenden, hydraulisch abbindenden, materialgleichen und atmungsaktiven Vergütung zu tun, entspricht die Arbeit demnach dem ursprünglich eingeplanten Sichtbeton, so erübrigt sich eine wertmindernde Einschränkung der Gewährleistung wegen späterer Unterhaltungsarbeiten. Das Gesagte gilt für den Neubau und nicht für die Altbausanierung.

Wird bei reparaturbedürftigen Neubau-Sichtbetonflächen mit materialfremden Kunstharzanstrichen gearbeitet, so ergibt sich u. U. eine Schadgasbremse, welche die Feuchtigkeitsdiffusion von innen nach außen und damit die natürliche Austrocknung des jungen Betons – besonders bei Leichtbeton mit dichtender Wirkung – beeinträchtigt. Bei einem für Außenflächen technisch zweckdienlichen, z. B. mit einem C30/37 (B35) dichtem Betongefüge und einer gem. DIN 1045-1 [1.3.1] fachgerechten Überdeckung, ist eine Schadgasbremse ohnehin nicht notwendig. Sie beeinträchtigt zudem, besonders bei partieller Anwendung, den Sichtbetoncharakter. Statt dessen wäre eher eine abschließende Hydrophobierung bzw. Lasuren o. ä. m. zu empfehlen.

Beseitigung

Sofern eine z. B. im Farbton fachwidrige Ausbesserung gestalterisch störend ist, die Fläche aber ein saugendes Gefüge aufweist, bietet sich, wiederum materialgleich, der im Farbton einheitlich anzupassende Auftrag einer modifizierten Zementschlämme an, zweckmäßigerweise unter Vorlegen einer auf gleicher Basis beruhenden Grundierung. Vorher sollte man die Hersteller über bauchemische Besonderheiten befragen.

Vorbeugung

Auf eine sorgfältige, material- und fachgerechte Ausführung ist zu achten, wobei es bei einer Schalung vorrangig darauf ankommt, dass bei der Schalungserstellung die Eigenfeuchtigkeit stimmt, d. h. bei etwa 18 % liegt, damit andernfalls, also auch bei zu nasser Ausgangsschalung infolge trocknungsbedingter Schwinderscheinungen, keine undichten Fugen und damit Versandungen entstehen, die der vorstehenden Ausbesserung bedürfen.

Siehe auch Kapitel 6.

2.55 Betonkosmetik: Spachtelarbeiten – Toleranzen?

Schadensursache

Ungleichmäßigkeiten im Schalungsfugenbereich, also Versprünge, Versandungen u. ä. mehr, geben immer wieder Anlass zur partiellen Betonkosmetik.

Eine normierte Begriffsdefinition gibt es nicht und so bleibt nur die Auslegung des „Kommentars zur DIN 18 217"[1.10] mit den Unterscheidungen der vollflächigen, Teil- und Fleckspachtelung, Spachtelarbeiten im Rohbau sind nur dann gerechtfertigt, wenn:

a) die Leistungsbeschreibung eine Betonfläche fordert, deren Planebenflächigkeitstoleranz über den Belangen der DIN 18 202 [1.8], d. h. die zul. Abweichungen der Messstrecke 0,1 m unter 2 mm liegen. Wenngleich eine solche Qualitätsforderung über die normalen handwerklichen Möglichkeiten des Rohbaues geht, obliegt es dem Auftragnehmer, ggf. darauf einzugehen. Dann aber wird er zumindest auf eine Fleckspachtelung, wenn nicht gar – sofern z. B. Lunker ausgeschlossen sind – auf eine vollflächige Spachtelung vorbereitet sein müssen.

b) Sofern (meist schalungsbedingte) Abweichungen gegeben sind, die über dem Toleranz-Soll der DIN 18 202 [1.8] liegen, wovon vorrangig Zeile 6 und 7, Messstrecke 0,1 und 1,0 m betroffen sind. Hier kann es erfahrungsgemäß nur darum gehen, sich bzgl. einer „Teilspachtelung", d. h. Flächen von mehr als 1 m² bis ca. 25 % der jeweiligen Flächeneinheit, hervorgerufen durch Niveaudifferenzen im Fugenbereich, Versandungen, Porenkonzentrationen. Achtung: Das DBV-Merkblatt „Sichtbeton" lässt größere Toleranzen zu!

c) Bei der Forderung einer lunkerfreien Fläche mittels Fleckspachtelung, also rein partieller Überarbeitung vorhandener Luft- und Wassereinschlüsse, diese Öffnungen zu schließen und zwar in allen Fällen zweckmäßigerweise auf der Grundlage modifizierten Zementmörtels, ggf. angereichert mit Quarzmehl.

Bezieht man sich allein auf die Belange der DIN 18 202 [1.8], so gilt für „Sichtbeton" und „oberflächenfertige" Innenausbaubereiche u. ä. m. nach der Rohbauauslegung Zeile 6.

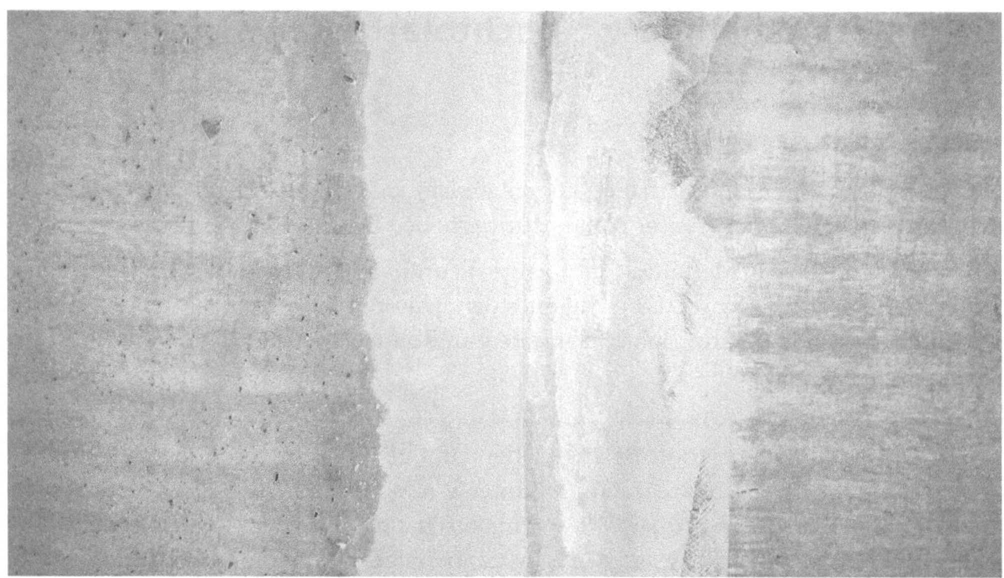

Abb.2.55–1   Materialfremde Spachtelarbeiten

Gutachterliche Einstufung

Aufgrund der o. a. Hinweise ist es verständlich, dass gerade in der fachlichen Beurteilung der Rohbauflächen immer wieder Diskrepanzen auftreten. Jedes „Mehr" an Aufwand ist im Sinne seiner Vorkalkulation ein „Verlust". Für den Sachverständigen gilt allein die Leistungsbeschreibung, sofern sie entsprechend der § 9 VOB/A [1.5] zweifelsfrei und praxisgerecht ist, und zwar aus der Sicht des Herstellers des Rohbaues.

Beseitigung

Maßnahmen sind den o. a. Ausführungen zu entnehmen.

Vorbeugung

Hier kann es nur darum gehen, durch ein material- und funktionsgerechtes Unterstützungskonzept der Schalung, fachgerechter konstruktiver Ausbildung und der Wahl einer leistungsfähigen Schalung den Forderungen sowohl der DIN 18 202 [1.8] als auch den in DIN 18 217 [1.10] bzw. den im „Kommentar zur DIN 18 217 [3.1]" enthaltenen Hinweisen vollends gerecht zu werden. Zudem sollte man darauf achten, dass eine zweifelsfreie und praxisgerechte Leistungsbeschreibung als Maßstab aller Materialien und Arbeiten anerkannt wird.

Hinweise für die zulässige Sichtbeton-Ebenheit: Kapitel 2.60, Tabelle 2.60-1.

2.56 Betondeckung – unzureichend

Schadensursache (Bewehrung)

„Eine Mindestbetondeckung der Bewehrung muss vorhanden sein, um Folgendes sicherzustellen: Schutz der Bewehrung gegen Korrosion; sichere Übertragung von Verbundkräften". Aus diesem allgemein gehaltenen Hinweis des Abs. 6.3 DIN 1045-1 [1.3.1] sind zweierlei grundlegende Schlüsse zu ziehen: Einerseits ist die Qualität des Betons von der Dicke der Betondeckung über den Bewehrungsstählen abhängig und damit von der Karbonatisierungsgeschwindigkeit durch den natürlichen Alkaliabbau, wodurch die rostschützenden Eigenschaften verloren gehen. Andererseits ist ein auf das Größtkorn bezogener Abstand der einzelnen Stäbe zur Schalung, aber auch untereinander zu wählen, um damit ein geschlossenes, homogenes Betongefüge zu gewährleisten.

Sich allzu einseitig auf die Werte der DIN 1045-1 Tabelle 4 [1.3.1] zu beziehen, ohne die erläuternden Texte, insbesondere das DBV-Merkblatt „Betondeckung und Bewehrung" 1997 [2.1.3,], mit dem Hinweis auf das sog. „Nennmaß c" und das „Vorhaltemaß" zu berücksichtigen, ist mit Sicherheit falsch. Ausführungen, wie sie Abb. 2.56–2 erkennen lassen, bei denen ein hoher Anteil Bewehrungsstahl auf einen m³ Beton verarbeitet wurden, sind nicht nur fachwidrig, sondern für den Bestand eines Bauwerkes gefährlich. Auch die Deckenbewehrung auf Abb. 2.56–1 wird gegenüber dem einzubringenden Beton wie ein Sieb wirken und stellt damit eine Minderung der Betongefügehomogenität dar. Solche Bewehrungen dürfen die Abnahme nicht „überleben". Die eigentliche Ursache aber ist weniger Unkenntnis, sofern man davon ausgeht, dass der Statiker seine Materie beherrscht. Vielmehr geht es darum, praktische Notwendigkeiten, z. B. einen auf den Bewehrungsspielraum abgestimmten Querschnitt u. a. m., vor rein gestalterischen Gesichtspunkten zu berücksichtigen. Oftmals ist es unbegreiflich, dass derart engmaschige, fast auf der Schalung liegende Armierungen abgenommen und zum Betonieren freigegeben werden, denn letztlich trägt im Falle einer Reklamation der Ausführende die Verantwortung.

Abb. 2.56–1   Engmaschige Deckenbewehrungen erfordern „bewegliche" Bewehrung für die erforderlichen Rüttelgassen.

Gutachterliche Einstufung

Zwei Fakten spielen eine Rolle: Material- und fachgerechte Überarbeitung unzureichend dimensionierter Betondeckungen und infolge davon bereits eingetretene Schäden sind einerseits finanziell aufwendig und stellen andererseits nach wie vor „Kompromisse" dar, die vom Plansoll abweichen, soz. im Sinne eines merkantilen Minderwerts.

Gewiss kann man eine Fassadenfläche, z. B. eine Brüstung mit unzureichender Überdeckung, bei der die Bewehrung bereits Korrosionsschäden erkennen lässt, fachgerecht technisch ausbessern, um sie der Not gehorchend streichen zu müssen, doch wird die Betonüberdeckung dadurch nicht dimensionsmäßig regeneriert, noch haben wir es mit dem ursprünglichen Sichtbeton zu tun. Das „Gesicht" des Bauwerks ist ein völlig anderes und daraus kann der Bauherr eine Entschädigung ableiten, zumal er jetzt im Vergleich zu einem Bauwerk mit ordnungsgemäßer Betonüberdeckung und natürlicher „Betonpatina" infolge farblicher Behandlung mit periodischen Unterhaltungs-, sog. Schönheitsarbeiten, rechnen muss. Das alles wäre im Gutachten zu berücksichtigen.

Abb. 2.56–2   Stahlbeton – oder Stahlbau?

Beseitigung

Die Folgeschäden unzureichender Betonüberdeckungen, d. h. Korrosionsmängel, Betonabplatzungen u. a. m., sind bekannt. Hier kann es nur um die Konsequenz gehen, im Falle zu enger Bewehrungsüberdeckungen auf eine Neuerstellung zu dringen, denn vorgefertigte Körbe, die klemmen und Bewegungsspielräume von wenigen Millimetern aufweisen oder Deckenarmierungen, bei denen kaum das Mehlkorn Platz hat, sind fachlich nicht zu vertreten und rangieren in der Rubrik „verdeckte Mängel", sind sozusagen sträfliche Fehler.

Derartige Bewehrungen können nach dem Stand unserer technischen Erkenntnisse nicht zum Betonieren freigegeben werden.

Vorbeugung

Bei der Planung ist mit ausreichenden Abmessungen zu beginnen. Der Statiker ist zu veranlassen, die Querschnittsdimensionierungen der Stähle im Sinne zweckmäßigen Spielraumes zu bemessen, und dem Verarbeiter, dem Bewehrungsunternehmer, ist zur Auflage zu machen, mit Abstandhaltern nach Höhe und Anzahl, d. h. im Abstand untereinander, so zu arbeiten, dass (vor allen Dingen bei Decken) in den Feldmitten die Mindestmaße der Überdeckung gewährleistet sind. Demzufolge gilt das sog. Nennmaß DIN 1045-1 Abs. 6.3.8 [1.3.1] für die Dimensionierung der Abstandhalter. Es sollten wenigstens vier Stück auf einen m² verteilt oder, sofern es sich um Stäbe handelt, für eine Anordnung gesorgt werden, die maßwidrige Durchbiegungen unmöglich machen.

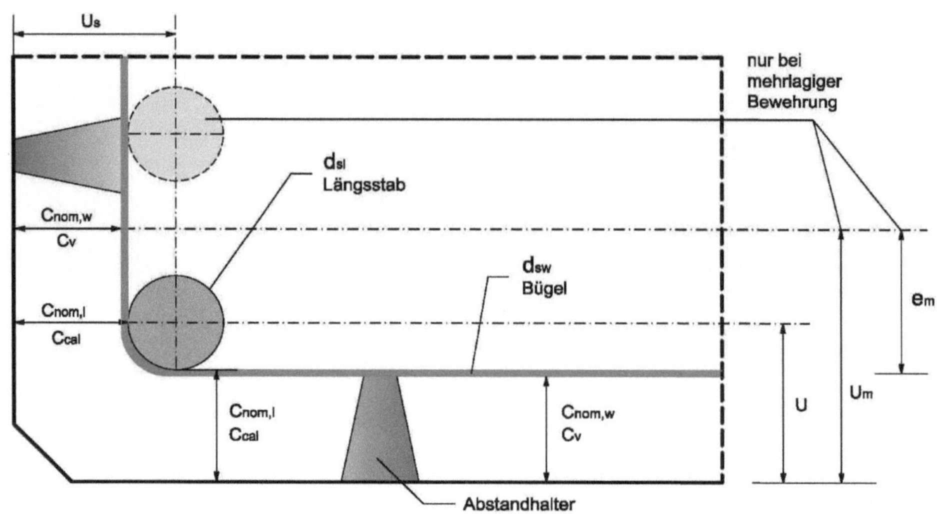

Abb. 2.56.–3 Betondeckung

Verlegemaße

Bügel/Querbewehrung:

$$c_v \geq c_{min} + \Delta c = c_{nom,w}$$
$$\geq d_{sw} + \Delta$$
$$\geq c_{cal} - d_{sw}$$

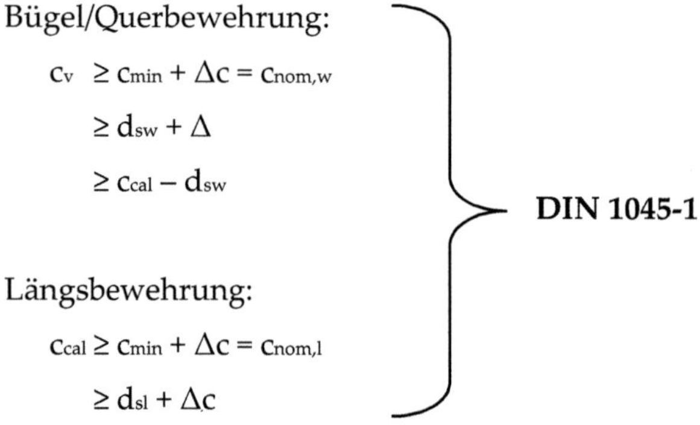

DIN 1045-1

Längsbewehrung:

$$c_{cal} \geq c_{min} + \Delta c = c_{nom,l}$$
$$\geq d_{sl} + \Delta c$$

2.57 Betondeckung – Abstandhalter

Schadensursache

Unzureichende Betonüberdeckungen ergeben sich erfahrungsgemäß meist dann, wenn die Halter im Wand- und Deckenbereich in sich labil oder nicht kraftschlüssig angebracht sind, oder bei Decken, sofern die Halter nicht auf das sog. „Nennmaß" DIN 1045-1 Abs.6.3.8 [1.3.1] abgestimmt wurden, geschweige denn zusätzlich untereinander zu große Abstände aufweisen. Sofern diese Dimensionen eingehalten sind, ergibt sich die Gewähr, dass im Zusammenhang mit dem o. a. Nennmaß die Überdeckungen in Feldmitte – auch mit Rücksicht auf späteres Begehen oder zentrisch eingebrachten Beton – der DIN 1045-1 [1.3.1] entsprechen. Dabei sollten die Belange der Gesteinskörnungen und deren gefügenotwendige Beweglichkeit nicht vergessen werden. Abstandhalter, die diese Voraussetzungen gewährleisten, bei deren Verarbeitung nur geringe Lohnkosten anfallen und die auch bei unkontrolliertem Einbringen des Betons verlässlich in der Halterung, ob gehängt oder gebunden, und die schließlich alkaliresistent sind, sollten anwendungstechnisch vorgezogen werden, um das Risiko dieseskriterienreichen Betonbereiches zu mindern. Zu berücksichtigen ist dabei, und hier liegt u. U. im Zusammenhang mit Sichtbeton die Schwierigkeit, dass die Berührungsfläche zur Schalung so minimal wie möglich sein sollte. Somit sind zwei gegensätzliche Forderungen auf einen gemeinsamen anwendungstechnischen Nenner zu bringen. Welchem Halter man dann den Vorzug einräumt, ist Auffassungs- und Erfahrungssache.

Abb. 2.57–1 Sichtbare Abdrücke von Abstandhalter

Gutachterliche Einstufung

An erster Stelle aller Aufgaben des Gutachtens steht zunächst: festzustellen, ob die Abstandhalter ausreichend dimensioniert und auf der Gesamtfläche richtig platziert waren. Dafür Sorge zu tragen, fällt in den Verantwortungsbereich des Bauunternehmers. Das DBV-Merkblatt „Betondeckung und Bewehrung" [2.1.3] weist auf Forderungen bezüglich der Mindestbetondeckung und des Vorhaltemaßes hin, welche letztlich keine andere Aufgabe haben, als die Gewähr für die Einhaltung der Soll-Überdeckungswerte zu geben. Wer also dieser Empfehlung folgt, liegt richtig und kann davon ausgehen, dass auch mit der fachgerechten Überdeckung bei materialgerechter Verarbeitung des Betons das für die Dauerhaftigkeit notwendige Gesamtgefüge sichergestellt ist.

Beseitigung

Die Beseitigung von Schäden ist schwierig, denn den im Zuge der Abnahme zerstörungsfrei zu ermitteln unzulänglichen Überdeckungen ist technisch nur umfassend zu begegnen.

Selbstverständlich kann man auch die Überdeckung bis zum gewünschten Maß auf mineralischer Basis mit modifiziertem Zementmörtel oder durch Spritzbeton auftragen.

Abb. 2.57–2   Fehlende Planung, u. a. der Schalungsanker

Vorbeugung

Gewissenhafte Berücksichtigung des DBV-Merkblatt „Betondeckung und Bewehrung" [2.1.3] Wahl der zweckdienlichen Abstandhalter nach Material und Verarbeitung und nicht zuletzt materialgerechte Disposition und Verarbeitung des Betons.

Siehe auch „*Handbuch Sichtbeton*" [3.3]

2.58 Betondeckung – Stahlkorrosion – Rostbildung

Schadensursache

Zement hydratisiert bei Wasserzugabe ca. 40 % seines Gewichtes chemisch bzw. physikalisch. Steigt der W/Z-Wert, wie es aus verarbeitungstechnischen Gründen unumgänglich ist, so entstehen Kapillarporen, welche das überschüssige Hydratwasser aufnehmen. Der Kapillarporenanteil bestimmt die Dichte des Betons und langfristig gesehen den Karbonatisierungsablauf, d. h. ggf. den Abbau der Betonalkalität und damit des natürlichen Rostschutzes der zur Zugfestigkeit eingelegten Stahlbewehrung. Mit anderen Worten: je höher der Wasserzementwert, desto größer der Kapillarporenanteil und poröser die Betonstruktur und kurzfristiger unter sonst gleichen Voraussetzungen der Karbonatisierungsfortschritt, bei dem sich unter Einfluss von Kohlendioxid Kalziumhydroxid in Kalziumkarbonat umwandelt. Erreicht die Karbonatisierung den Bewehrungsstahl, wird unter Einfluss von Sauerstoff und Wasser die korrosionsschützende Passivschicht des Stahls zerstört, der Stahl in seiner Oberfläche in Rost umgewandelt, der mittels 2,5fachen Volumens zur Absprengung der Betonüberdeckung führen kann. Je hochwertiger ein Beton, d. h. je dichter, sprich kapillarporenärmer und damit druckfester, und je ausreichender die Betondeckung, desto geringer ist die Fronttiefe der Karbonatisierung (Stillstand der chemischen Umwandlung), desto langlebiger ist der Beton selbst.

Je poröser dagegen das Betongefüge, also reichhaltiger der Kapillarporenanteil, desto geringer ist die Druckfestigkeit und desto kurzfristiger ist der Alkalitätsabbau und bei unzureichender Überdeckung die Korrosion der Bewehrung und die Zerstörung der Betonoberfläche (siehe Abb. 2.58–1).

So ist z. B. die Karbonatisierungstiefe, bezogen auf den W/Z-Wert (bei sonst gleichen Gegebenheiten), bei 0,5 etwa nur halb so groß wie bei 0,7. Hinzu kommt, dass die Kapillarporen einer Verbundwirkung unterworfen sind, was sich verständlicherweise beschleunigend auf die Karbonatisierungsgeschwindigkeit auswirken kann. Die Ursache einer Bewehrungskorrosion und der sich daraus ableitenden Betonflächenzerstörung liegt also einerseits in der Unzulänglichkeit der Betonstruktur und andererseits in einer zu geringen Betondeckung.

Abb. 2.58–1   Außentreppe mit starken Korrosionsschäden

Gutachterliche Einstufung

Korrosionsschäden bei Stahlbeton sind grundsätzlich technische Mängel, welche allgemein die Leistungsfähigkeit des Bauwerkes bzw. des Bauwerkteiles konstruktiv mindern. Unzureichende Überdeckungen stellen auch bei fachgerechter Überarbeitung einen sog. merkantilen Minderwert dar, d. h. auch bei Beseitigung der Schäden besteht ein Anspruch auf Wertminderung ggf. in Höhe der zu erwartenden laufenden Unterhaltungsarbeiten. Eine globale Einstufung derartiger Mängel ist praktisch nicht möglich und es bedarf einer vorgeschalteten, fachgerechten, durch einen vereidigten Sachverständigen, z. B. für Betoninstandsetzung, erstellten Diagnose. Erfahrungsgemäß kann das wirkliche Ausmaß des Schadens u. U. erst im Rahmen partieller Untersuchungen – das setzt z. B. den Einsatz eines Fassadengerüstes bzw. einer hydraulischen Hebebühne voraus – ermittelt und auch die Überarbeitungskosten überschlagen werden.

Diese erforderlichen Voruntersuchungen werden in der Regel aus Kostengründen fälschlicherweise nicht durchgeführt. Der Bauherr wundert sich später über die Massenmehrungen und Nachträge.

Beseitigung

Eine materialgerechte Korrosionsschadensbeseitigung setzt ausgereiftes Fachwissen im Bereich der Betontechnologie voraus, d. h., Improvisionsleistungen haben hier nichts zu suchen. Ordnungsgemäße Sanierungsarbeiten unterliegen einem festen Schema in folgender Gliederung, d. h. die Arbeiten sind gemäß DafStb–Richtlinie „Schutz und Instandsetzung von Bauteilen" [2.3] wie folgt auszuführen:

Vorbereitung des Untergrundes, d. h. Reinigen der Fläche, Beseitigung loser Bestandteile, entfernen mürber Strukturen; mechanisches blank machen der korrodierenden Stähle mit umgehend nachfolgendem Passivieren, d. h. zweimaligem Kunstharzauftrag (Epoxidharze o. Ä.) im Abstand von 24 Stunden mit abschließender Quarzbesandung; bündiges Ausgleichen, ein- oder mehrlagig, ggf. mit unterschiedlichem Kornaufbau, am leistungsfähigsten und wirtschaftlichsten mittels kunstharzgebundenem Zementmörtel, Quarz-Größtkorn = ca. 1/3 Schichtdicke (sog. modifizierter Mörtel).

Nach Bedarf und Notwenigkeit zusätzlicher Betonschutz; z. B. Tiefenimprägnierung auf Siloxan-Basis, wobei Schwind- u.ä. Risse mit hydrophobiert werden.

Grundierung auf Siloxan-Acryl-Grundlage mit überwiegendem Hydrophobierungsanteil im Sinne des Gefügekontaktes zur Tiefenimprägnierung. Der Acrylanteil dient der strukturellen Verfestigung der Oberfläche. Dieser Betonschutz ist atmungsaktiv.

Im gestalterischen Sinne kann auf diese Behandlungsweise ein deckender Acrylanstrich folgen, womit jedoch technische Belange nur bedingt erfüllt werden.

Vorbeugung

Ein natürlicher, also betonbezogener Korrosionsschutz ist dann gewährleistet, wenn bei Außenwandflächen ein Beton C 30/37 (B 25) mit einem W/Z-Wert von 0,55 (maximal 0,6) zur Anwendung kommt und die Betondeckung auf Grundlage der Expositionsklassen berücksichtigt wurde. Unter diesen Umständen ist der o. a. Betonschutz im technischen Sinne überflüssig und hat – z. B. bei pigmentiertem Beton – nur gestalterische Aufgaben zu erfüllen, also in der Gegenüberstellung witterungsoffener gegenüber witterungsgeschützter Betonfläche im gleichen Baubereich.

2.59 Betondeckung – an gestalteten Arbeitsfugen

Schadensursache (Bewehrungsmängel)

Zu den zahlreichen „Schwächepunkten" des Sichtbetons gehören u. a. Gestaltungs- und gestaltende Arbeitsfugen, also Oberflächenrücksprünge, die eine Betonfläche optisch gliedern bzw. unumgängliche Arbeitsabschnitte neutralisieren und Ansätze. Dazu werden u. a. sog. Fugenleisten abschnittsweise eingelegt, mit denen ausführungstechnisch „Schönheitsfehler" von anschließenden Bereichen, z. B. Sedimentationen, kaschiert oder verdeckt werden. Diese Rücksprünge, Nuten u. ä. m. gehen erfahrungsgemäß zulasten der Betonüberdeckung, indem sie im betroffenen Bereich Beton aussparen und in extremen Fällen – siehe Abbildung – Armierungsstähle freilegen oder nur noch geringfügig bedecken. Damit liegen sie kurzfristig außerhalb des alkalischen Bereiches, korrodieren und tragen unmittelbar zu Oberflächenzerstörungen bei.

Abb. 2.59–1   Fehlende Betondeckung im Bereich der Arbeitsfuge

Gutachterliche Einstufung

Hier handelt es sich zweifelsfrei um einen Planungs- sowie technischen Fehler, der einer material- und fachgerechten Ausbesserung bedarf. Dabei kann man erfahrungsgemäß davon ausgehen, dass einerseits der gesamte Bewehrungsanteil des Fugenbereichs betroffen ist, demzufolge sich auch die Überarbeitung auf den vollen Fugenverlauf erstreckt, und andererseits damit das Gestaltungsbild im Gegensatz zur Planung seinen Sichtbetoncharakter weitgehendst einbüßt. Unter diesem Gesichtspunkt ist davon auszugehen, dass der Sichtbetonzuschlag auch dann entfällt, wenn der rein technische Mangel fachgerecht behoben ist.

Ob und inwieweit das Erscheinungsbild darunter leidet, sollte der Beurteilung eines Sachverständigen überlassen bleiben, zumal hieraus die Frage der optischen Wertminderung abzuleiten ist und auch das Für und Wider der Rechtfertigung eines Sichtbetonzuschlages abhängt. Priorität jedenfalls hat die technisch vollwertige Überarbeitung.

Beseitigung

Da es sich in den meisten Fällen um eine im Querschnitt geometrische Vertiefung, Dreieck, Rechteck, Rhombus o. a. handelt, ergeben sich zwei Möglichkeiten einer nachträglichen, ausreichenden Abdeckung im Sinne einer technisch notwendigen Karbonatisierungsbremse:

– Ausfüllen des gesamten „offenen" Querschnittes, entsprechend der benachbarten Betonüberdeckung und damit optische Beseitigung der Gestaltungs- bzw. Schattenfugen. Damit ist zwar der Technik Genüge getan, indes verliert die Architektur an Effekt. Eine solche Maßnahme ist mit Vorlage einer entsprechenden wasserlöslichen Kunststoffdispersion als Grundierung auf Basis eines modifizierten Nass-in-Nass eingebrachten Zementmörtels fach- und materialgerecht zu treffen.

– „Auskleiden" des „offenen" Querschnittes mit verstärkten Auflagen der Basisfläche mittels Zweikomponenten-Kunstharzmörtels (Epoxidharz oder Gleichwertiges) als Karbonatisierungsbremse mit entsprechendem Nachweis. Auf diese Weise bleibt die gestalterische Wirkung weitestgehend erhalten. Unter Umständen ist ein Gutachter hinzuzureichen, und so kann bei architektonischer Anerkennung der Sichtbetonzuschlag seine Gültigkeit behalten.

Ggf., und das gilt für beide Lösungen, ist der gesamte Fassadenbereich auf Siloxanbasis zu imprägnieren und mittels Siloxan/Acryl o. ä. zu vergüten. Hierzu dürfte eine Beratung einer bauchemischen Firma zweckdienlich sein.

Vorbeugung

Der Planer, i. d. R. Architekt, sollte sich mit dem Statiker über den Versatz der Armierung im Arbeits- bzw. Gestaltungsfugenbereich abstimmen, unter entsprechender Berücksichtigung der Nuttiefe, soweit der auf das Größtkorn bezogenen, materialgerechten Bewegungsfreiheit der Gesteinskörnung. Das gilt um so mehr, als gerade die scharfkantige Ausbildung eines räumlich begrenzten Fugenquerschnittes von der fach- und materialgerechten Abstimmung schalungs-, bewehrungs- und betontechnologischer Maßnahmen abhängt. Es entspricht den praktischen Erfahrungen, dass in Anlehnung an überdosiert behandelte, meist klebende, nicht saugende Schalungen der Bereich unter der Fugenleiste Nestbildungen, Luft- und Wassereinschlüsse im Zusammenhang mit unzureichender Verdichtung begünstigt.

Gleicherweise bedarf es des Hinweises, dass Profilleisten, auch wenn sie beidseitig gefalzt sind, nur bedingt der Abdichtung gegenüber Zementschlämme dienen und die Baustelle besonders bei Sichtbetonforderungen und Einsatz nicht saugender Schalungen gut beraten ist, eine zusätzliche Schaumstoffdichtung einzusetzen.

In **Betonfertigteilwerken** wird immer mehr die Bewehrung „aufgehangen", sodass sie keine Abstandhalter benötigen. Dieser Mehraufwand muss jedoch vom Planenden „eindeutig + erschöpfend" ausgeschrieben werden. „Mehrkosten"!

2.60 Ebenheitstoleranzen – Absätze und Versprünge auf der Betonoberfläche

Schadensursache (Schalungsfehler)

Generell kann man davon ausgehen, dass durch die Schalung verursachte Betonflächenabsätze bei Verwendung von industriell vorgefertigten Schalungselementen vermeidbar sind. Anders dagegen im Ortbeton, z. B. bei Wänden, wo ggf. verdichtungsbedingte Beton- bzw. Schalungsdrücke erstens ungleichmäßig auftreten können und zweitens nicht genau absehbar sind, aber auch bei Deckenflächen, wo es sich oftmals um konstruktionsfugenabhängige Niveaudifferenzen handelt. Werden vorgefertigte Schalungselemente in versetztem Zustand nachträglich arretiert, so ist ein 100 % bündiger Anschluss der Flächenebene nicht mehr zu gewährleisten, zumal auch mit einem geringen Bewegungsspielraum beim Betonieren gerechnet werden muss.

Aber auch die Holzwerkstoffplatten selbst lassen, sei es fertigungsbedingt oder unter Einfluss der Witterung, Schwind- und Quellbewegungen und damit Veränderungen der Dickendimension zu, die sich erst am fertigen Objekt in Form von Absätzen oder Vorsprüngen erkennen lassen und kaum zu vermeiden sind. Da die Einstufung immer stärker in den Vordergrund tretender Systemschalungen nach fachlichen Gesichtspunkten erfolgt, ist diese Einschätzung der zu erwartenden Bündigkeit in den konstruktiven Anschlüssen besonders zu planen. Je niveaugleicher und kraftschlüssiger, desto zweckdienlicher ist ein solches System, zumal, wenn es dann auch statisch leistungsfähig ist. Dabei unterscheiden sich anwendungstechnisch kranunabhängige, leichtere Elemente durch meist sehr großen Fugenanteil von kranabhängigen, schweren Einheiten mit geringerem Fugenanteil. Da Holz jeglicher Ausführung „arbeitet", also witterungsabhängig physikalisch bedingte Bewegungen ausführt, sind je nach konstruktivem Aufbau des Trägers oder der Platte Dimensionsunterschiede nie ganz zu vermeiden, zumal wenn mehr oder weniger gedankenlos altes mit neuem Schalungsmaterial gemeinsam eingesetzt wird. Zusammenfassend kann man feststellen, dass die möglichen Ursachen für flächige Niveaudifferenzen vielseitig und kaum verbindlich in den Griff zu bekommen sind. Demzufolge bedarf es der fachgerechten

Abstimmung gegenüber der Planung und des Einspruchs bei praxiswidrigen Leistungsanforderungen.

Abb. 2.60–1   Versprünge an den Stoßkanten der Sichtbetonflächen

Gutachterliche Einstufung (Ebenheitstoleranzen)

DIN 18 202 „Toleranzen im Hochbau" [1.8] ist allein verbindlich für die Beurteilung von Niveaudifferenzen für alle Gewerke und setzt voraus, dass eine zweifelsfreie Leistungsbeschreibung zugrunde liegt. Zweifelsfrei besagt, dass über den Hinweis auf die jeweilige Genauigkeitsklasse – in Form der Zeilenangabe – eine eindeutige Aussage bzgl. der geforderten und praktisch ausführbaren Ebenheit gemacht wird.

Allein unter diesen Gesichtspunkten ist eine fach- und materialgerechte gutachterliche Einstufung möglich. Niveauunterschiede müssen an den zulässigen Ebenheitstoleranzen gemessen werden. Im Zweifelsfall dient § 4 Abs. 3 VOB/B [1.6], um bei praxiswidrigen Forderungen rechtzeitig, d. h. „... *möglichst vor Beginn der Arbeit ...*" „fachliche Bedenken" anzumelden.

Wenn in der Anmerkung der DIN 18 202 [1.8] darauf hingewiesen wird, dass, wie es wörtlich heißt, „*bei flächenfertigen Wänden, Decken, Sprünge und Absätze vermieden werden sollen*", so ist davon auszugehen, dass, wie es im letzten Absatz lautet, „*die bei Baustoffen für die Ebenheit zulässigen Maßabweichungen in den Ebenheitstoleranzen nicht enthalten und daher zusätzlich zu berücksichtigen sind*". D. h., dass z. B. zulässige Maßtoleranzen von Holzwerkstoff-Hautplatten lt. DIN 68 791 [1.15] bzw. 68 792 [1.16] in ihren Dimensionsauswirkungen praktisch anzuerkennen sind.

Beseitigung

Sofern Niveaudifferenzen über praxisbezogene Forderungen des Leistungsbeschriebes oder Normauflagen hinausgehen, sind Ausgleichsmaßnahmen, also Abschleifen, Verspachteln, d. h. Betonkosmetik, vorzunehmen.

Vorbeugung

Konstruktive Abstimmung, ausgerichtetes Nivellement, z. B. gleichalter Holzträger gegenüber der rückseitig montierten stählernen Gurtung, und Einsatz von Holzwerkstoff-Hautplatten gleicher Beschaffenheit und vor allen Dingen übereinstimmender, möglichst mittlerer Eigenfeuchte, um damit witterungsbedingter, zusätzlicher „Bewegungen" Rechnung zu tragen. Kraftschlüssige Montage von Systemschalungselementen und möglichst Vermeidung der Kombination unterschiedlicher Typen, insbesondere verschiedener Fabrikate. Beachtung bündiger Anschlussflächen und niveaugleicher Hautplatten, bezogen auf die umlaufenden Strahlrahmen.

Tabelle 2.60–1:   Zulässige Sichtbeton-Ebenheit nach DBV-Merkblatt „Sichtbeton" [2.1.1]

SB-Klasse	Ebenheit	DIN 18202 / Tabelle 3:	Zulässig bei Messpunktabstand 0,10 m	Zulässig bei Messpunktabstand 1,00 m
SB1	E1	Zeile 5: „nichtflächenfertige Wände und Unterseiten von Rohdecken"	5 mm	10 mm
SB2	E1	Zeile 5: „nichtflächenfertige Wände und Unterseiten von Rohdecken"	5 mm	10 mm
SB3	E2	Zeile 6: „flächenfertige Wände"	3 mm	5 mm
SB4	E3 [1]	Zeile 6: „flächenfertige Wände"	3 mm	5 mm

DIN 18 202 Tab. 3 Zeile 7: „flächenfertige Wände"

mit **erhöhten** Anforderungen, d. h. zulässig: 2 mm 3 mm

Die DIN 18 202 unterscheidet (siehe Kapitel 2.5):

- nicht flächenfertige Oberflächen: Rohbau

- flächenfertige Oberflächen: geputzte Wände, Decken

Das DBV-Merkblatt „Sichtbeton" Tab. 2 definiert SB1 + SB2 als „nichtflächenfertig".

Ist die Sichtbetonwand eine Rohbauwand oder eine **flächenfertige**, i. d. R. unbehandelte Wand?

Empfehlung:

Abweichend von Tabelle 2.60–1 sollten folgende Werte vereinbart werden:

SB1: flächenfertig   5 mm/1m

SB2, SB3 und SB4: flächenfertig mit erhöhten Anforderungen, d. h.:   3 mm/1m

Erhöhte Anforderungen sind vertraglich zu vereinbaren!

[1] Höhere Anforderungen sind gesondert zu vereinbaren. Dafür erforderliche Aufwendungen und Maßnahmen sind vom AG detailliert festzulegen. Höhere Ebenheitsanforderungen, z. B. nach DIN 18 202 Tab. 3 Zeile 7 (3 mm/1 m) sind nicht zielsicher erfüllbar.

3 Saugende Schalung

3.1 Farbtonabweichung – durch unterschiedliche Schalungsoberflächen

Schadensursache (Schalungsfehler)

Im Auftrag des Subunternehmers war die Erstellung der Brettschalungs-Erstgarnitur enthalten und ordnungsgemäß ausgeführt, und zwar in sägerauen Brettern gleicher Breite mit geordneten Stößen. Im Sinne der Neutralisierung gegenüber Holzinhaltsstoffen war eine Alkalivorbehandlung ausgeführt worden. Die Einheitlichkeit eines dementsprechend dunkleren Farbtones war gewährleistet (linker Abschnitt). Siehe Abb. 3.1–1

Weil aber die gleiche Schalung im selben Objekt noch mehrfach verwendet werden sollte, ließ der Rohbauunternehmer die Brettschalung nach ihrer Reinigung kunstharzvergüten, also oberflächenseitig absperren. Damit wurde aus einer ursprünglich saugenden eine dichte, nicht saugende Schalung, bei der keine eigenen Feuchtigkeitsansprüche gegeben waren und im Betonflächenbereich ein entsprechend höherer W/Z-Wert anstand. Damit wurde die Sichtbetonausführung entsprechend heller (rechter Abschnitt, siehe Abb. 3.1–1).

Dieser Farbtonkontrast muss zur Mängelrüge und zu deckenden Anstrich der gesamten Fläche führen, wobei, m. E. in Unkenntnis der materialgerechten Möglichkeiten auf modifizierter Basis, ein Kunstharzanstrich vorgezogen wurde.

Der Fehler jedenfalls lag in der Unkenntnis des schalungstechnischen Einmaleins. Denn die Frage nach saugender oder nicht saugender Schalung kann nur im Sinne der einen o d e r anderen Ausführung beantwortet werden, wenn das Ergebnis einheitlich sein soll.

Gutachterliche Einstufung

Hier lässt sich die Schuldfrage eindeutig am Objekt selbst beantworten. Der Auftragnehmer trägt die Kosten für eine fach- und materialgerechte Überarbeitung der dunkleren oder der gesamten Fläche, je nach Abstimmung der Parteien bzw. Entscheidung des Sachverständigen.

Abb. 3.1–1   Farbtongegensätze durch unterschiedliche Schalungsoberflächen

Beseitigung

Da es sich bei den dunkelgrau in Erscheinung tretenden Flächen als Reproduktion einer saugenden Fläche mit Sicherheit um einen offenporigen Beton handelt und der optische Gesamteindruck einer Brücke ausreichend Toleranzen zulässt, bietet sich hier der Einsatz eines Zementleimes, ggf. leicht mit Quarzmehl angesetzt, nach vorherigem Grundierungsauftrag an. Bzgl. des übereinstimmenden Farbtones zur hellen Fläche bedarf es mit Sicherheit nicht nur der Verwendung des Ausgangszementes, sondern einer Weißzementaufhellung, wobei es zweckmäßig sein dürfte, eine entsprechende Probefläche vorzulegen.

Vorbeugung

Brettschalungen, möglichst nicht gehobelte, sondern raue, sind bei Brückenbauten sehr beliebt und sollten wegen der im Resultat lebhaften Betonoberfläche allgemein anerkannt werden. Man muss sich jedoch für eine natürliche, saugende Holzfläche entscheiden und nicht für die wirtschaftliche Lösung einer absperrenden Holzoberfläche. Ein wirtschaftlicher Einsatz lässt sich auch ohne Oberflächenvergütung, allein durch materialgerechte und sorgfältig ausgeführte Trennmittelbehandlung – am zweckmäßigsten auf Emulsionsbasis – erreichen.

Wenn aber nicht saugend abgesperrt werden soll, dann muss bereits beim Ersteinsatz und bei den nachfolgenden Einsätzen ein Mineralöltrennmittel oder, der Textur gerecht werdend, ein trocken zu reibendes Schalwachs dünn und gleichmäßig aufgetragen werden.

3.2 Farbtonabweichung – durch nicht alkaliresistente Brettschalung

Schadensursache

Im vorliegenden Fall ist die flächige Farbtonabstufung auf eine nicht alkalineutralisierte Brettschalung im Ersteinsatz zurückzuführen, bei der Holzzucker austrat, der sich hydratationsstörend auswirkte und zur Vermehlung führte. Zudem haben im Freien liegende frische Bretter unter Witterungseinflüssen, insbesondere durch UV-Einstrahlung, ohnehin eine hydratationsstörende Wirkung auf den jungen Beton, die sich bis zur Versandung auswirken kann.

Mit ihrer betont rauen Oberflächenstruktur bekommt die Betonfläche einen Dunkelgrauton. Gleicherweise muss damit gerechnet werden, dass sich auch der Wasserzementwert, bedingt durch die Saugwirkung einer frischen, aber ausgetrockneten Brettschalung, je nach Witterung für den Oberflächenbetonbereich unterschiedlich verändert. Mit dem Feuchtigkeitsbedarf des trockenen Brettes vermindert sich der W/Z-Wert auf Kosten des Betonzugabewassers und damit auch der Anfall freien Kalkhydratwassers auf der Oberfläche. Anders beim Wiedereinsatz, wo die Brettporen durch Zementleim verstopft und der Feuchtigkeitsbedarf der Schalung zugunsten des Wasserzementwertes verringert ist. Je mehr Überschusswasser aber, desto intensiver ist im Oberflächenbereich die Umwandlung von Kalziumhydroxid in Kalziumkarbonat und je heller ist der Farbton. Fast ein Drittel des Zementes wandelt sich in diese Verbindung um, und zwar im Zusammenhang mit wechselhafter Witterung im Oberflächenbereich. Auch mit der Hydratationsstörung physikalisch-chemisch wirkender Trennmittel – die aufgrund des Materials bei saugenden Brettschalungen, vor allen Dingen im Ersteinsatz, ungeeignet sind – ergibt sich bei Überdosierung eine Vermehlung und damit ein an der Oberfläche verstärktes Angebot freien Kalkes, was zur verstärkten Farbtonaufhellung beitragen kann, je nach Witterung.

Zumindest aber ergibt sich allgemein eine Farbtondifferenz gegenüber dem Zweit- bzw. folgenden Einsatz unter anderen Bedingungen.

Gutachterliche Einstufung

Da man generell davon ausgehen kann, dass es sich bei brettgeschalten Flächen – von Einheiten ohne Anforderungen ganz abgesehen (DIN 18 217) [1.10] – um Sichtbeton mit mehr oder minder rustikalem Effekt handelt, geben Farbtonabstufungen flächiger

Art keinen Anlass zur Reklamation. Ausnahmen mag es vereinzelt geben, wobei man ohnehin davon ausgehen muss, dass gehobelte Brettschalungen optisch einen als Sichtbeton fragwürdigen Betonflächeneindruck hinterlassen und sägeraues Material diesbezüglich der Farbtonschattierung eigenen Toleranzen unterliegt. Ansonsten kann man davon ausgehen, dass gerade hier, wo es sich um strukturierte Oberflächen handelt, Witterungseinflüsse zur optischen Neutralisierung beitragen. Deshalb wird eine Beanstandung nur in Ausnahmefällen gerechtfertigt sein, obwohl die o. a. Unzulänglichkeiten vermeidbar sind.

Beseitigung

Ein materialfremder, deckender Anstrich ist mit Sicherheit hier fehl am Platze und kann unter Umständen zu fragwürdigen Wertminderungsforderungen führen.

Die Tatsache einer strukturell haftfreudigen Betonfläche und der ohnehin rustikale Charakter rechtfertigen praktisch nur eine Konsequenz, nämlich eine Oberflächenbehandlung mit kunstharzgebundener, sprich modifizierter Zementschlämme mit wählbarem Farbton. Diese materialgleiche Vergütung auf Hydratationsbasis sichert eine Kristallisierung mit dem Träger und damit eine praktisch unbeschränkte Lebensdauer im Sinne eines Sichtbetons, der durch eine zusätzliche Hydrophobierung mittels Siloxan einen zusätzlichen „Beton-Oberflächenschutz" zum Nutzen einer verminderten Oberflächenverschmutzung erhalten kann.

Vorbeugung

An erster Stelle bedarf es grundsätzlich bei einer frischen Brettschalung, ob sägerau oder gehobelt, einer Neutralisierung durch ein- oder zweifache Oberflächenbehandlung mit Zementmilch, die kurzfristig, also nach einigen Stunden, wieder abzubürsten ist.

Weiterhin ist die Baustelle gut beraten, als Trennmittel für die ersten beiden Verwendungen farblose Mineralölprodukte zu wählen, um gegenüber den folgenden Einsätzen – besonders bei Stützwänden mit vielfacher Handhabung gleicher Schalelemente – keine Unterschiede in der Saugfähigkeit der Schalung und damit Differenzen des W/Z-Wertes zu erfahren, die sich unvermeidlich in Farbtongegensätzlichkeit bemerkbar machen müssen.

Schließlich und als Letztes ist es immer sinnvoll, bei anspruchsvollen Sichtbetonforderungen einen auf Siloxan basierenden, hydrophobierenden Beton-Oberflächenschutz im LV einzuplanen, um damit unterschiedlichen Witterungseinflüssen vorzubeugen.

3.3 Farbtonabweichung – durch unausgeglichene Hydratation

Schadensursache (unausgeglichene Hydratation)

Sperrholz- o. a. Holzwerkstoffschalungen mit kunstharzstrukturierter (Holztextur) Oberfläche sollten für Sichtbeton nur ganzflächig, ggf. als Vorsatzschalung, gebogen oder, in Brettbreite zugeschnitten, mit Trägerschalung so eingesetzt werden, dass die meist offenen Hautplattenfugen unterlegt sind. Auf diese Weise ist dafür Sorge getragen, dass Zugabewasser, mit oder ohne Mehlkornanteil, nicht ablaufen kann. Eine Minderung des Zugabewassers reduziert den W/Z-Wert ggf. bis unter den physikalisch-chemischen Hydratationsbedarf von 0,4. Das bedeutet eine unausgeglichene Hydratation in den Fugenbereichen und damit partiell Blaugraufärbung der Zementbestandteile, die weitgehend den Mehlkornanteil verkörpern. Zugleich besteht die Gefahr des weiteren Zementleimablaufes in den zahlreichen Fugen der trotz Struktur oberflächenglatten, nicht saugenden Schalung. Das führt zu streifigen Versandungen, mit denen langfristig das hier offene Betongefüge karbonatisierungsfördernd in Erscheinung tritt, weshalb in absehbarer Zeit Korrosion und Oberflächenzerstörungen erwartet werden müssen. Auch muss bei dimensionsmäßig begrenzten Holzwerkstoffschalungen im Arbeitsfugenbereich eine horizontale „Gestaltungsfuge" eingeschaltet werden, um hier einen optisch sauberen Anschluss der strukturell nicht synchron auslaufenden Plattenstreifen zu erzielen. Mit anderen Worten: Eine derartige, mehr oder minder „an den Haaren herbeigezogene" Sichtbetonausführung fordert eine sehr sorgfältige Arbeitvorbereitung.

Gutachterliche Einstufung

Wer planungstechnisch auf derart individuelle Lösungen zurückgreift, muss sich bzgl. der Leistungsbeschreibung genau „auf die Finger gucken lassen" und ist im Hinblick auf die VOB-Forderung nach einer zweifelsfreien Formulierung gezwungen, sich mit dem schalungstechnologischen Detail zu befassen. Der Bieter bzw. Auftragnehmer ist gut beraten, sich jeder Unklarheit und ausführungstechnischen Fragwürdigkeit des VOB/B § 4 Abs. 3 [1.6] zu erinnern, um ggf. schriftlich „fachliche Bedenken" anzumelden und auf eine Probeausführung zu bestehen. Letztere muss objektgerecht, d. h. unter Originalbedingungen, abgewickelt werden. Erst wenn alle diese Voraussetzungen erfüllt sind, ist eine fachliche Begutachtung möglich, wonach dann evtl. Fehlleistungen zulasten des Ausführenden gehen. Beide, Planer und Ausführender, müssen sich aber von Anbeginn klar sein, dass derartige Lösungen immer einen Teil ausführungstechnischen Risikos beinhalten und auch dementsprechend beurteilt werden.

Beseitigung

Es kann davon ausgegangen werden, dass im Laufe der Zeit witterungsbedingt eine optische Neutralisierung, sprich Farbtonanpassung, erfolgt.

Ansonsten bietet sich unmittelbar nach dem Ausschalen nur die Möglichkeit einer intensiven Bewässerung von außen, um damit in den dunklen Bereichen möglicherweise eine Nachhydratation und damit eine partielle Aufhellung zu bewirken.

Vorbeugung

Wie eingangs bereits erwähnt, sollte der Planer bei einer derartigen Forderung darauf hinwirken, dass die kunstharzstrukturierten Sperrholzstreifen als Vorsatzschalung am besten ca. 8 mm dick gewählt und rückseitig mit einer gleichfalls flexiblen, d. h. ausreichend gewässerten, ca. 15 mm dicken Furniersperrholzschalung großflächig hinterlegt und kraftschlüssig ausgesteift werden. Man muss sich darüber klar sein, dass hier im Sinne des Wortes eine „Schreinerarbeit" ansteht, die erstens kostenaufwendig und zweitens trotzdem betonseitig nie ohne Risiko ist, da wir es bei der Haut mit einer zwar vertikal strukturierten, doch oberflächenglatten Schalung zu tun haben, die aufgrund ihres geringen Reibungskoeffizienten zur Sedimentation neigt, was bei einem großflächigeren Objekt gleichzusetzen ist mit partiellen Farbtonschattierungen.

3.4 Farbtonabweichung – Falschdosierung des Trennmittels

Schadensursache (Trennmittel)

Der Schalungsfachmann unterscheidet zwischen saugenden und nicht saugenden Schalungen. Bei den nicht saugenden Platten ist die Einflussnahme der Feuchtigkeit auf den Beton überschaubar und es geht bzgl. der Trennmittel vorrangig darum, sparsam und gleichmäßig aufzutragen. Bei saugenden Schalungen verwendet man vorrangig Nadelholz-Furnierplatten gem. DIN 68 792 [1.16]. Hier ist bzgl. der Trennmittelbehandlung darauf zu achten, dass mit dem inneren Feuchtigkeitsausgleich der Schalung das Entschalmittel nicht zu „Imprägnierungen", sondern zu einer „Oberflächenbehandlung" wird. Sicherlich in der Minderheit, aber doch von Zeit zu Zeit sind unvergütete, meist Sperrholzschalungen mit relativ dünnen, 1,5 bis 2 mm Decks als Furnier- oder Stabsperrholzplatten im Einsatz. Der Planer verbindet mit einem diesbezüglichen Einsatzhinweis den Gedanken an eine haftfreudigere und streichfähige Betonoberfläche, da der reproduzierenden Einheit im übertragenen Sinn die Rauigkeit der in der Struktur feineren Oberfläche anhaftet. Dabei haben wir es zwar auch mit einer saugenden Schalung zu tun, deren Aufnahmefähigkeit gegenüber dem Trennmittel aber sehr begrenzt ist. Damit ergibt sich anwendungstechnisch die Gefahr einer partiellen Überdosierung und nachfolgend der Übertrag des Trennmittelüberschusses auf die Betonfläche, die sich dann häufig schwieriger anstreichen lässt. Diese Unausgeglichenheit zeigt sich optisch in unterschiedlichen Farbtönen der Betonfläche und einer Hydrophobie bei Aufsprühen von Wasser. Hier ergibt sich demzufolge eine Mängelrüge zulasten des Nachfolgegewerkes.

Gutachterliche Einstufung

Die anwendungstechnische Harmonisierung der physikalischen Eigenschaften einer Schalung u. a. mit der unmittelbaren Einflussnahme des Trennmittels gehört in den Aufgabenbereich des Schalungsverarbeiters, sei es die Bauunternehmung selbst oder ein Subunternehmer. Bei der Vielzahl der Trennmittelfabrikate und den charakteristischen Unterscheidungsmerkmalen der Typen bedarf es technischen Einfühlungsvermögens gegenüber den jeweiligen Schalungsoberflächen. Dabei ist der Anwender gut beraten, bei sog. „universellen" Trennmitteln zurückhaltend zu sein, denn es erscheint fragwürdig, ob und inwieweit ein Entschalungsmittel in der Lage sein kann, sehr gegensätzliche Forderungen der Schalung auf einen gemeinsamen Nenner zu bringen. So ist die Wirkungsweise eines sägerauen Brettes mit der einer befilmten Sperrholzschalung oder gar einer Glasfaserpolyesterhautplatte kaum in Einklang zu bringen, wenn es darum geht, von der Aufgabenstellung her technische und/ oder optische Forderungen zu erfüllen.

Bei der gutachtlichen Beurteilung eines solchen Mangels muss also sowohl die Wahl als auch die fachgerechte Anwendung des Entschalungsmittels eine Rolle spielen, wobei die Aufgeschlossenheit der erstellten Betonfläche gegenüber dem Nachfolgegewerke leistungsbewertend sein muss. Eine Unverträglichkeit ist ein Mangel, dessen Beseitigung in der Ausführung und hinsichtlich der Kosten zulasten des Schalungsunternehmers geht.

Beseitigung

Partielle Trennmittelüberdosierungen sind mit Brei aus Benzol und Adsorptionspulver (Kaolin, Kreidemehl, Talkum o. ä.) der Betonoberfläche zu entziehen, um die Fläche anschließend, ggf. unter Beifügung von synthetischen Waschmitteln oder Emulgatoren, mit Wasser abzuspülen. In jedem Fall ist es zweckdienlich, sich mit dem Hersteller des Trennmittels abzustimmen. Das gilt vor allen Dingen für flächige Überdosierungen, wo u. U. eine kombinierte Fluatschaumwäsche zu helfen vermag. Ein für jeden Fall verbindliches Universalrezept gibt es nicht.

Vorbeugung

Hier kann es nur den einen Rat geben, nämlich sich bzgl. der Trennmittelauftragsmenge und -weise einerseits um **eine ausgeglichene Eigenfeuchte der Schalung** zu bemühen – besonders bei saugenden Schalungen – und andererseits für einen sparsamen und vor allen Dingen gleichmäßigen Auftrag zu sorgen.

3.5 Farbtonabweichung – durch Versandungsstreifen

Schadensursache (verzögerte Hydration)

Es handelt sich um eine verzögerte bzw. hydratationsstörende Wirkung von Holzinhaltsstoffen bei frischen Brettschalungen. Haben wir es z. B. mit einem Holzstapel zu tun, so hat die obere Brettlage, welche der Witterung ausgesetzt war, infolge UV-Einstrahlung und zusammen mit austretenden Holzinhaltsstoffen, z. B. Glucuronsäure (Holzzucker) u. a., einen hydratationsstörenden Einfluss und führt mehr oder minder, u. U. gesteigert durch überdosierten Auftrag chemisch reagierenden Trennmittels, zur Vermehlung, die millimetertief in die Betonoberfläche eingreifen kann. Hier besteht, und das gilt generell für frisches Brettmaterial, eine anwendungstechnisch nachteilige Alkaliunverträglichkeit, die jedem Bauunternehmer gegenüber Brettschalungen für Sichtbeton die Auflage geben sollte, über eine zweckdienliche Vorbehandlung, d. h. Einschlämmung mit Zementmilch, für die notwendige Alkaliresistenz zu sorgen. Neben der reinen Vermehlung kann die erstellte Betonfläche zusätzlich noch gelb-braunsichtig werden und partielle Farbtongegensätze hervorrufen, wenn z. B. auf einer frisch angelieferten Brettlage achtlos zusätzliche Brettstücke aufgelegt und damit einzelne Flächen der Sonneneinstrahlung entzogen werden. In einem solchen Fall ergeben sich störende partielle Farbtongegensätze. Das kann auch umgekehrt der Fall sein, wenn z. B. eine ausgeschalte Betonfertigteilplatte als Auflage flach auf ein frisches Brett gelegt wird. Auch hier bewirken die Holzinhaltsstoffe, die Nachhydratation beeinträchtigend sind, eine Oberflächenvermehlung.

Gutachtliche Beurteilung

Die materialgerechte Handhabung von Schalungen aller Art, insbesondere das massive Brett, wird bei einer erfahrenen Bauunternehmung vorausgesetzt. Demzufolge gehen Schäden, wie sie sich infolge Holzzuckereinflusses auf Betonflächen ergeben, eindeutig zulasten des Verarbeiters einschließlich der Folgekosten.

Beseitigung

Bei jungen, frisch ausgeschalten Betonflächen, die den Einsatz nicht alkaliresistenter Bretter durch partielle Versandungsflächen und Farbtongegensätze erkennen lassen, kann u. U. ein kurzfristiges Nachbesprühen der Betonfläche mit Wassernebel zu einer Nachhydratation und damit zu einer Oberflächenverfestigung führen.

Sofern aber beim Einsatz generell unbehandelter, frischer Brettschalung eine ganzflächige Vermehlung die Folge ist und es den Anschein hat, dass eine feuchtigkeitsbedingte Nachhydratation nicht zu erreichen ist – z. B. im Falle einer zusätzlichen Trennmittelwirkung mit überdosiertem Auftrag und chemischer Reaktion – dann sollte man sich mit der Bau-Chemie bzgl. einer Fluatierung o. a. Behandlung im Sinne nachträglicher Mineralisierung in Verbindung setzen.

Vorbeugung

Hier gilt die konsequente Einhaltung der Regel, wonach frische Brettschalungen grundsätzlich mit Zement- oder Kalkmilch ein- oder mehrmals vorbehandelt und nach Anziehen mechanisch abgebürstet werden müssen, um die für Sicht-Betonflächen notwendige Alkalifreundlichkeit zu erreichen.

3.6 Farbtonabweichung an strukturgeschalter Fläche

Schadensursache

Die althergebrachte, über Jahrzehnte bewährte Strukturschalung ist das sägeraue Brett, heute verkörpert durch die mechanisch vorbehandelte Fläche, bei der die weichen Bestandteile durch Bürsten, Sandstrahlen oder Flammstrahlen beseitigt worden sind.

Abgesehen von dem betonseitigen Vorteil der Saugfähigkeit dieser Schalung, ihrem ausgleichenden und porenverhindernden Eigenbedarf an Feuchtigkeit, ergibt sich der anwendungstechnische Nutzen der Massivholzschalung in ihrer flächigen Anpassungsfähigkeit. Mit anderen Worten: Man ist jederzeit in der Lage, mittels Brettverzahnung für einen gleichmäßigen Fugenanteil für jede beliebige Fläche und damit auch für eine Farbtoneinheitlichkeit zu sorgen. Bei strukturierten Schalungen aus Holzwerkstoff kann man auch von einer mehr oder weniger großen Saugfähigkeit des Schalungsmaterials ausgehen. Harmonie in den Farbtönen der Flächen hängt aber von der Oberflächenbeschaffenheit der einzelnen Platte ab. Deren Format kann einer kleindimensionierten Fugengliederung entgegenstehen, es sei denn, dass die Platte ihre einzelnen Brettteile auf der Oberfläche abbildet.

Bei flexiblen Kunststoffmatrizen oder auch biegesteifen Platten aus Polystyrol, Hart-PVC, PU u. a. m., die meist relativ großflächig angeboten werden, sind u. U. aufgrund der nicht saugenden Oberflächen Lunker vorprogrammiert, insbesondere bei quer laufender Struktur. Auch differieren, die Farbtöne der einzelnen Plattenreproduktionen und zeichnen damit die praktisch kaum synchronisierbaren, durchlaufenden Plattenstöße ab. Hinzu kommt es u. U. bei unterschiedlicher Einsatzfähigkeit der Matrizen zu Porosität differierenden Oberflächen, die zusätzlich auf den jeweiligen Farbton Einfluss nehmen und zu Beanstandungen führen können.

Gutachterliche Einstufung

Sichtbetonflächen verlangen Übereinstimmung im Material, wobei auf den typischen Reproduktionscharakter einer Brettschalung im Vergleich zur matrizengeschalten Betonfläche mit seiner Betonflächenerscheinung in der Ausschreibung besonders hingewiesen werden muss. Danach ist eine gemeinsame Verwendung von Brettschalungen und Matrizenschalungen im gleichen Objektbereich unzweckmäßig, da in mehrfacher Hinsicht (Farbtönung, Fugenausbildung u. a.) mit optisch unverträglichen Gegensätzlichkeiten gerechnet werden muss, die u. U. eine Beanstandung rechtfertigen. Dagegen sind Farbtondifferenzen bei der Verwendung der gleichen Schalung, ob Brett – wobei allerdings hier von einer vorgeschalten Alkalineutralisierung ausgegangen werden muss – bei Holzwerkstoffplatten oder Kunststoffmatrizen, zu tolerieren, zumal sie, neben geringen Oberflächenstrukturunterschieden, mehr oder minder auch vom unterschiedlichen W/Z-Wert abhängen können.

Unter diesen Gesichtspunkten ergeben sich die entsprechenden gutachtlichen Einstufungen.

Beseitigung

Sofern die Farbtongegensätze durch die Kombination unterschiedlicher Schalungsmaterialien hervorgerufen und demzufolge intensiv sind, bietet sich die Überarbeitung mittels kunstharzvergüteter Zementschlämme an. Die Kosten gehen zulasten des Auftragnehmers. Der Sichtbetonzuschlag behält seine Gültigkeit.

Vorbeugung

Dem Schaden vorbeugen kann man mit der Verwendung gleicher Schalungsmaterialien und Schalungs-Typen, wobei es zusätzlich ratsam ist, auch Schalungen gleichen Lebensalters und übereinstimmender Einsatzhäufigkeit zu verwenden. Bei Matrizen sollte man zudem auf kraftschlüssige Verbindung zum Träger achten, um partielle Sedimentation und damit örtliche Farbtongegensätze zu vermeiden, die durch Flattereffekte entstehen können. Hier muss ein witterungsunabhängiger, dauerhafter Kleber eingesetzt werden.

3.7 Farbtonabweichungen – durch unterschiedliche Schalungsbeharzung

Schadensursache (unterschiedliche Schalungsbeharzung)

Planeben-glatte Schalungen werden ihrer besseren Wirtschaftlichkeit (d. h. höherer Einsatzhäufigkeit bei gleichem Effekt) wegen befilmt im Gegensatz zum rohen Material für untergeordnete Zwecke.

Außerdem kann man Schalungsbretter beharzen, wobei es vorrangig darum geht, eine Oberflächentextur konturenscharf und verschleißfester zu gestalten. Die Beharzung wird vom Hersteller der meist aus Sperrholz bestehenden Platte vorgenommen. Die gleichmäßige Dosierung des Kunstharzes ist für das spätere Betonflächenergebnis wichtig.

So wirken sich Über- und Unterdimensionierung der Schalungsvergütung, am fertigen Objekt eindeutig negativ aus. Eine Reklamation ist die Folge. Da der Schalungsverarbeiter den Mangel an den Platten nicht vorzeitig zu erkennen vermochte, tragen Produzent und Handel die Verantwortung. Dabei ist die Schalungsneuanlieferung das geringste Problem, denn vorrangig geht es für den Bauunternehmer bzw. Schalungsverarbeiter um die Kostenübernahme der unumgänglichen Nacharbeiten.

Die nachweisliche Ursache lag zwar **nur** in der Dosierung des vergütenden Harzes, doch davon abgeleitet in der Veränderung des W/Z-Wertes, der in einem Fall, der Unterdimensionierung, in Verbindung mit dem Eigenbedarf der Schalung an Feuchtigkeit zum dunklen Farbton und im anderen, der strukturdichteren Überdimensionierung, bei der das Zugabewasser dem Beton erhalten blieb, zum helleren Grau führte.

Gutachterliche Einstufung

Am Mangel selbst besteht kein Zweifel, denn die Farbtongegensätzlichkeit ist bei Sichtbeton nicht vertretbar.

Über die Verantwortung für den Fehler kann es auch keine Meinungsverschiedenheit geben, zumal die Unzulänglichkeit der Schalung für den Käufer äußerlich nicht erkennbar war und eindeutig einen Fertigungsmangel darstellt. Deshalb kann es auch keine Frage sein, wer die Kosten der gestalterischen Anpassung, also der Vergütung mit einer modifizierten Zementschlämme, zu übernehmen hat, auch wenn diese ggf. im Widerspruch zur Geschäfts- und Lieferbedingung stehen mag. Sofern der Bauherr bei dieser Gelegenheit kostenträchtige gestalterische Sonderwünsche äußert, dann gelangen jedoch nur die Aufwendungen eines Anstrichs zur Verrechnung und zudem entfallen evtl. Forderungen nach späteren Unterhaltsarbeiten wie auch eine zusätzliche Wertminderung.

Beseitigung

Hier kann es nur darum gehen, die dunkelgrauen Flächen entsprechend aufzuhellen, und zwar bedarf es, mit Rücksicht auf die intensive Oberflächenstruktur, einer möglichst niederviskosen modifizierten Zementschlämme, um auch weiterhin die Textur zu gewährleisten. Dabei kann ein zweimaliger Auftrag unumgänglich sein. Diese Kosten wären dann im o. a. Sinne zu verrechnen.

Vorbeugung

Da strukturierte Sichtbetonschalungen bezüglich der Beharzungsdosierung, sprich - qualität, für den Bezieher nicht einzustufen sind, gibt es praktisch gegen derartige „Ausreißer" keine vorbeugende Möglichkeit bis auf die juristische Absicherung im Zusammenhang mit Folgekosten.

3.8 Farbtonabweichungen – durch Massivholz-Inhaltsstoffe

Schadensursache (Massivholz-Inhaltsstoffe)

Massivhölzer, insbesondere Nadelholzbretter, als Betonschalung eingesetzt, bedürfen bezüglich ihrer Inhaltsstoffe (z. B. Glucuronsäure u. a.) einer alkalineutralisierenden Vorbehandlung mittels Zement- oder „Kalkmilch". Andernfalls ist mit einer Hydratationsbeeinträchtigung an der Betonfläche zu rechnen, die im Extremfall bis zur Versandung gehen kann und eine dunkle Farbtonbetonfläche nach sich zieht.

Dieses dunklere Grau ergibt sich durch den Fortfall der sonst geschlossenen und im Lichtreflex heller erscheinenden Zementleimfläche, die nunmehr einer raueren Oberfläche weichen muss. Gleicherweise finden wir eine solche Erscheinung bei frischen Brettern, die z. B. bei der obersten Lage eines Stapels durch Sonneneinstrahlung belichtet, damit vergilbt sind und gegenüber der Betonoberfläche eine hydratationsstörende Wirkung ausüben. Das bedeutet praktisch, dass gegenüber der hier abgebildeten Farbtonfläche u. U. Einzelbretter mit dunklen Farbtonflecken oder Streifen viel störender sein können und man gut beraten ist, grundsätzlich entweder bereits am Beton gewesenes Material oder ordnungsgemäß neutralisierendes Massivholz für Sichtbetonzwecke zu verwenden. Auch kann die dunklere Betonfläche mit saugender Brettschalung die Folge des Ersteinsatzes im Zusammenhang mit einem überdimensionierten physikalisch-chemisch wirkenden Trennmittel sein, bei dem sich beide Einflussbereiche u. U. summieren und verstärkt in Erscheinung treten.

Gutachterliche Einstufung

Eine frische bzw. neue Brettschalung vor dem Ersteinsatz nicht durch entsprechende Neutralisierung auf Zement- oder Kalkbasis alkaliresistent gemacht zu haben, ist eine

Unterlassungssünde des Unternehmers und geht mit allen Konsequenzen zulasten dieser Firma, sofern es sich nicht um eine einsatzfertige Schalung handelt.

Bei Sichtbetonmängeln hängt die Frage der Wertminderung von der Art und Weise der Regeneration ab, wie sie sich mittels modifiziertem Zementleim durchaus machen lässt. Bei diesbezüglichen partiellen, meist intensiven Farbtongegensätzen muss davon ausgegangen werden, dass die Überarbeitung ganzflächig erfolgt. Da man es hier, vor allen Dingen bei erstem Einsatz einer saugenden Brettschalung, mit einer relativ rauen und strukturell rustikalen Betonfläche zu tun hat, ergeben sich bezüglich der Haftung der modifizierten Schlämme, bei Vorschaltung einer materialgleichen Grundierung, keine Einschränkungen in der Ausführung und jedoch ggf. Rechtfertigung für eine Wertminderung.

Beseitigung

Sofern man es, wie bereits angedeutet, mit der Hydratationsstörung zweier Wirkungsbereiche, also überdosierter Trennmittelwirkung, chemischer Reaktion und Holzinhaltsstoffbeeinträchtigung, und damit mehr oder minder doppelter Abbindeverzögerung zu tun hat, die ggf. zu einer millimetertiefen Vermehlung führen kann, bedarf es einer Mineralisierung der Oberfläche, z. B. über eine Fluatierung. In diesem Fall kann man durchaus von einem technischen Mangel sprechen. Sofern die Fläche strukturell gefestigt wurde, die dank der Brettschalung offenporig ist, steht einer Einschlämmung mit modifizierter, also kunstharzvergüteter Zementschlämme nichts im Wege. Erforderlich ist allerdings bei Einsatz von Mörtel zum Niveauausgleich eine Grundierung auf gleicher Basis. Der hellere Farbton ist dem Nachbarbereich anzupassen, ggf. durch Zugabe von Weißzement oder durch Pigmentierung mit Titandioxyd.

Vorbeugung

Zunächst ist es grundsätzlich wie oben angegeben unumgänglich, frische Brettschalungen über eine Zementmilch- oder Kalkbehandlung alkaliresistent zu machen, d. h. ihr die hydratationsstörende Wirkung der Inhaltsstoffe zu nehmen. Ansonsten müssen wir bei Brettern davon ausgehen, dass es sich um eine offenporige, also saugende Schalung handelt, deren Saugfähigkeit mit jedem neuen Einsatz abnimmt. Um eine gleichmäßige Saugwirkung der Schalungsbretter zu erzielen und den W/Z-Wert in der Schalungsnähe konstant zu halten und damit den Wasserbedarf der Bretter zu mindern, muss man als Trennmittel eine Mineralölemulsion auf die Bretter auftragen. Später sollte man zu einer Öl-in-Wasser-Emulsion o. Ä. wechseln.

Durch einen konstanten W/Z-Wert und den Schutz vor Holzinhaltsstoffen ist ein gleichmäßiger Farbton gewährleistet.

Eine Alternative, wie sie über Jahrzehnte Bestand hatte, ist die langfristige Vorwässerung frischer Brettschalungen, wobei jedoch zu beachten ist, dass diese vor dem Einsatz wieder auf eine mittlere Eigenfeuchte rückgetrocknet werden müssen.

3.9 Farbtonabweichung – Braunverfärbungen

Schadensursache (phenolgefärbtes Kondenswasser)

Verfärbungsmängel sind glücklicherweise relativ selten.

Generell unterscheiden wir zwei Arten:

a) Im Zusammenhang mit unausgehärteten Phenoloberflächenvergütungen, meist **Filme**, aber auch bei Durchschlagen bzw. im Kantenbereich austretende **Phenolverleimungen**. Bei Oberflächenbeeinträchtigungen ergibt sich oftmals ein Streifenablauf dergestalt, dass mit der Wärme hochwertigen Betons und kälterer Außentemperatur bei betonflächengelöster Schalung Schwitzwasser die Schalung herabläuft, ungelöste Phenolbestandteile mitnimmt und spiegelgerecht dem Beton, insbesondere im unmittelbaren Berührungsbereich, überträgt.

b) **Fleckenbildungen**, denen bei befilmten Sperrholzschalungen meist Blasenerscheinungen vorausgehen, deren Ursache oftmals übertrocknete Furnierplatten (6 - 10 %) mit erhöhter Bereitschaft zur Feuchtigkeitsaufnahme sind. Wenngleich der gesteigerte „Durst" der Platten zunächst durch die mehr oder minder dünne Befilmung gebremst wird, so lässt sich die Diffusion von alkalischem Betonwasser über einen längeren Zeitraum nicht verhindern. Durch die Feuchtigkeitsaufnahme entstehen Spannungen, die zu einer Rissbeschädigung der Vergütung führen können. Mit dem Durchtritt des stark alkalischen Betonwassers entstehen bei bestimmten Holzarten, die besonders im Bereich maximaler Betondrücke – bei geschosshohen Wänden erfahrungsgemäß im unteren Drittel – zur partiellen Absonderung neigen, mehr oder weniger intensive Verfärbungen. Unangenehm ist hier, dass derartige Flecken während der unmittelbaren Betondruckauswirkung, also während des Abbindeprozesses, ausgelöst werden und somit „unter der Haut" liegen, also nur bedingt mechanisch durch Abschleifen beseitigt werden können.

Verfärbungen durch unreine, überdimensionierte Trennmittel sind, meist in gelblichem Farbton, genauso möglich wie Korrosionsverfärbungen kurzfristig auf trennmittelklebender Schalungsfläche aufgelegter, rostiger Bewehrungen. Auch hier ergibt sich eine nachhaltige Strukturverfärbung, ein Schaden, den allein der Schalungsverarbeiter zu verantworten hat und der auf Nachlässigkeit zurückzuführen ist bzw. ggf. der Eisenflechter.

Gutachterliche Einstufung

Sofern es sich um Beeinträchtigung von Sichtbeton handelt, stellt sich die Frage, ob und inwieweit unmittelbare Witterungseinwirkungen in der Lage sind, mittelfristig eine Minderung des Störungsfaktors zu bewirken. Je nach Wirkungsgrad der Flecken sind die Flächen und ihrer optischen Beeinträchtigung zu streichen oder zu mindern.

Bei funktionell technischen Flächen, Lasuren im Innenausbau, bedarf es der Feststellung, inwieweit durch Verfärbungen nachfolgende Arbeiten beeinträchtigt oder materialbezogen geändert werden mussten. Die Kosten dafür trägt der für die Flecken Verantwortliche, was bei unzulänglichen Schalungen u. U. auch der Hersteller sein kann (siehe Forderungen der DIN 68 791 [1.15] und 68 792 [1.16], Abs. 5.7).

Die evtl. Bewertung der Minderung bedarf eines Sichtbeton-Sachverständigen.

Beseitigung

Sichtbeton verliert normalerweise durch Verfärbung seinen dekorativen Effekt. Der Einsatz von Lösungsmitteln kann zwar eine partielle farbliche Minderung bewirken, führt andererseits aber durch strukturelle Abwanderung der Farbsubstanz in das Betongefüge zu leichten, aber flächigen Sichtbetonbeeinträchtigungen. Mechanischer Abrieb verändert durch Beschädigung der Zementsteinhaut den Farbton und rechtfertigt ggf. eine Wertminderung, sofern nicht mittels modifizierter Zementschlämme flächig überarbeitet und die optische Einheitlichkeit hergestellt wurde.

Vorbeugung

Es ist darauf zu achten, dass erstens das Trennmittel dünn und gleichmäßig auf die Schalung zu bringen ist und zweitens die oftmals angerostete Bewehrung nicht erst auf der trennmittelbedingt klebenden Schalung aufgelegt wird, wodurch sich rostbedingte Braunverfärbungen übertragen können, sondern dass die Matten oder Stähle sofort mit Abstandhaltern, also auf Distanz zur Schalung, verlegt werden.

Vorbeugend sollte die Alkaliverträglichkeit der Schalung überprüft werden, wie sie im Labor mit Natronlaugentest durchgeführt wird.

3.10 Holzrückstände auf der Betonoberfläche

Schadensursache (Schalungsfehler)

Eine übertrockene Schalung mit stark strukturierter Oberfläche, wie sie sich z. B. bei sägerauen Brettern, aber auch bei unvergüteten Nadelholzdecks meist im Zusammenhang mit Furnierplattenschalungen anbieten, führt in Gemeinsamkeit mit langen Betonerstarrungszeiten und hohen Betondrücken oftmals nicht nur zur intensiven Reproduktion des „Abzeichnens" dieser Holztextur, sondern hinterlässt auf der Betonoberfläche störende, betonwidrige Schalungsrückstände, z. B. von Holzfasern oder Furnierbestandteile.

Diese Schalungsreste, die materialfremd und sowohl optisch störend sind, werden im Zuge des Betoniervorganges zu integrierten Bestandteilen des Betonoberflächengefüges, häufig dann, wenn die Schalung zum ersten Mal zum Einsatz gekommen ist.

Die Hauptsache dieser Erscheinung liegt in der zu trockenen und damit porenoffenen Schalungsoberfläche, einem sehr plastischen, oftmals nachverdichteten, durch Zusatzmittel ggf. zeitlich im Abbindeprozess „gestreckten" Beton und einem großen Volumen, das hohen Schalungsdruck verursacht. Unter diesen Umständen dringt der Zementleim in das Schalungsgefüge und veranlasst die übertrockneten, relativ losen Oberflächenbestandteile des Holzes die hochstehenden Fasern, zum Quellen. Auf diese Weise ergibt sich eine intensive strukturelle Verankerung der Holzoberfläche, die im Zuge der Erstarrung partiell zum Bestandteil der Betonflächen wird und sich nach der Ausschalung entsprechend abzeichnet. Das können bei sägerauen Brettern Holzfasern, aber im Zusammenhang mit unvergüteten Nadelholzschalungen auch ganze Furnierteile sein. Diese Erscheinung wird u. U. durch eine quantitativ unzulängliche Trennmittelbehandlung, bei der die Substanz ohnehin infolge der zu trockenen Schalung in das Holzgefüge abwandern kann, gefördert.

Abb. 3.10–1   Holzrückstände auf Sichtbetonfläche

Gutachterliche Einstufung

Sofern es sich um brettgeschalte Sichtbetonflächen handelt, kann es nur darum gehen, die Holzrückstände zu beseitigen, um damit Angriffsflächen für Frostschädigungen zu beseitigen. Dementsprechend ist in der Begutachtung die Verantwortlichkeit für diesen Mangel weniger bei dem Schalungs- als vielmehr beim Betonverarbeiter einzustufen. Man darf voraussetzen, dass die Schalungsübertrocknung witterungsbedingt im Zuge der Bewehrungsarbeiten erfolgen kann, und der Schalungsverarbeiter von einem „normalen" Betoniervorgang, also keiner verlängerten Erstarrungszeit, Doppelverdichtung und damit auch überhöhten Betondruck, ausgehen kann.

Beseitigung

Es bietet sich, entsprechend des Ausmaßes der Holzrückstände, die mechanische Beseitigung durch Abflammen und im Zusammenhang mit Planebenflächigkeitsmängeln partielles Schleifen mit anschließender Betonkosmetik an.

Vorbeugung

Für ausreichende Ausgangsfeuchte der Schalung bei der Montage ist zu sorgen. Mit etwa 18 bis 20 % sollte sie nicht so hoch sein – das gilt besonders für die Brettschalung –, dass im Zuge witterungsbedingter Rücktrocknung offene Konstruktionsfugen entstehen. Wichtig ist, und das gilt besonders für den Ersteinsatz, dass Massivholzschalungen zwecks Neutralisierung gegenüber Holzinhaltstoffen eine Zementleimbehandlung erfahren und alle Schalungstypen eine materialgerechte Trennmittelbehandlung auf Mineralölbasis erhalten. Der Einsatz physikalisch-chemischer Entschalungsmittel ist besonders bei technisch funktionellen Betonflächen mit Vorsicht zu genießen. Wegen der notwendigen Eigenfeuchte der Schalung sei nochmals darauf hingewiesen, dass Trennmittel, besonders bei saugenden Materialien, keine Imprägnier-, sondern Oberflächenbehandlungsmittel sind.

3.11 Versandungen – durch Schalungsschwund

Schadensursache (Schalungsmängel)

Hier wurden in einer trockenen Jahreszeit frische, d. h. feuchte Schalungsbretter im Ortbetonbereich eingebaut. Die Bretter waren während der Dauer der Bewehrungsarbeiten derart geschrumpft, dass Zementleime über die im LV geforderte, fachlich unzulängliche Schalung in allen Bereichen auslaufen konnten und so zu einer unansehnlichen Versandung des Sichtbetons führten.

Gutachterliche Einstufung

Hier liegt das Verschulden sowohl in der Forderung des Planverfassers nach einer bestimmten, fachwidrigen Schalung, Verantwortlichkeit liegt aber beim Rohbauunternehmer, der lt. VOB/B § 4 Abs. 3 [1.6] – im Zuge der Bauabwicklung, also vor Beginn der Schalarbeiten – schriftliche Bedenken hätte anmelden müssen. Sofern also keine – wie unter „Beseitigung" aufgeführt – anwendungstechnischen Konsequenzen gezogen werden, mit anderen Worten die Betonfläche unverändert bleibt, ist ein Abzug des Sichtbetonzuschlages gerechtfertigt bzw. dieser Zuschlag mit den nachfolgenden Aufwendungen für eine Oberflächenvergütung mittels einer „Betonkosmetik" zu verrechnen.

Eine weitere Wertminderung steht nicht zur Debatte.

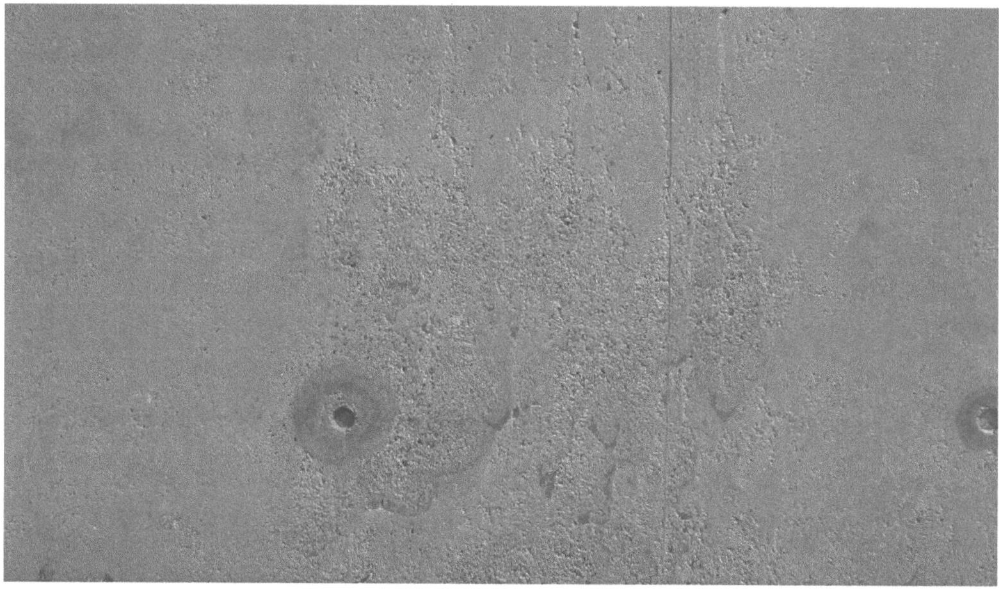

Abb. 3.11–1   Versandete Sichtbetonoberfläche

Beseitigung

Die erforderliche Betonkosmetik geht zulasten des Rohbauunternehmers.

Vorbeugung

Die wenigsten Rohbauunternehmer ziehen im Sinne VOB/B § 4 Abs. 3 [1.6] die notwendigen Konsequenzen, indem sie fachliche Bedenken anmelden.

Holzbrettschalungen stehen, vor allen Dingen für Sichtbetonflächen im Tiefbau – z. B. bei Brückenwiderlagern –; hoch im Kurs und geben bei materialgerechter Verarbeitung die Gewähr für eine ausdrucksstarke Betonfläche. Der Handel bietet Brettschalungen bereits in Elementform an, von den Alternativen strukturierter Dreischichtplatten im Großformat ganz abgesehen.

3.12 Betongratbildung – durch Brettschalungsfugen

Schadensursache (Schalungsfehler)

Betongratbildungen sind bei extrem trockener Witterung auch im Zusammenspiel mit „geeigneter" Spundung nicht ganz zu vermeiden. Gemessen am Einsatz unzweckmäßiger Spundung, z. B. Keil- oder Schweinsrücken-Verbindung *„Sichtbeton-Planung"*[3.1] und damit einer mehr oder minder offenen Brettkonstruktion, sind sie im Vergleich zur möglichen Versandung oder gar Nestbildung das kleinere Übel. Nach besten Möglichkeiten aber sollte man einen konstruktiv möglichst kraftschlüssigen Fugenverbund der Brettschalungen durch Wahl einer sog. „untergefügten Keilspundung" und der Sicherstellung einer ausgeglichenen Eigenfeuchtigkeit mit etwa 16 % wählen. Auch hier sind, sofern es sehr lufttrocken ist, Gratbildungen im ersten Einsatz nicht ganz zu vermeiden, doch kann man im Zuge folgender Verwendung davon ausgehen, dass die offenen Brettfugen sich einerseits durch nasse Vorbehandlung, wie ausgiebiges Abspritzen, und andererseits durch die Betonfeuchte weitgehend dauerhaft schließen. Das um so mehr, als bei einer untergefügten Keilspundung die in der Dreiecksnut eingeschlossene Zementschlämme für die Beibehaltung der Mindestfeuchte sorgt und die im Wiedereinsatz sowohl Gratbildungen wie auch insbesondere Versandungen verbindlich verhindert.

Abb. 3.12–1   Betongratbildung

Gutachterliche Einstufung

Geht man davon aus, dass im Widerspruch zur alten DIN 18 331 [1.11] „glatte Schalungen" generell aus Holzwerkstoffen bestehen und Bretter, ob rau oder gehobelt, nur für Sichtbeton verwandt werden, so sind Betongratbildungen unter der Voraussetzung einer geeigneten Spundung (Nut-Feder-, beschränkte Falz- und am besten untergefügte Keilspundung o. ä.) kein gerechtfertigter Anlass zur Mängelrüge. Versandungen dagegen als Folge von fachwidriger konstruktiver Ausbildung der Spundung, z. B. stumpfer Stoß oder Keil- bzw. Schweinsrücken-Spundung, siehe *Sichtbeton-Planung* [3.1], gehen zulasten des Schalungsverantwortlichen. „Nester" sind in diesem Sinne Anlass genüg für Reklamationen und tragen, sofern sie nicht optisch angepasst, also fach- und materialgerecht ausgebessert werden, zum Abzug des Sichtbeton-Zuschlages bei. Betongratbildungen dagegen, insbesondere im Zusammenhang mit sägerauen Brettern, können als „schmückender" Bestandteil der Sichtbetonfläche Anerkennung finden. Forderungen der Leistungsbeschreibung, wonach Gratbildungen nicht zugelassen werden, sind genauso praxisfremd und fragwürdig wie die „verbotenen" Poren bzw. Lunker im Zusammenhang mit dichten, also nicht saugenden Schalungen.

Beseitigung

Maßnahmen erübrigen sich nach den o. a. Hinweisen, sofern es bei Gratbildungen bleibt und sich nicht z. B. bei plastischem Beton Versandungen und Nestansätze ergeben, die fach- und materialgerecht ausgebessert werden. Bei Fertigprodukten ist die

Farbtonanpassung schwierig, für die in jedem Fall der Verarbeiter geradestehen muss. Aus diesem Grunde ist die manuelle Methode empfehlenswerter.

Vorbeugung

Vorbeugung durch die Wahl der „richtigen" Spundung und einer ausgeglichenen Eigenfeuchte der Bretter (ca. 16 %), um auf diese Weise die kraftschlüssige und vor allen Dingen fugendichte Verbindung im Einsatz zu gewährleisten.

Setzt man industriell vorgefertigte Brettschalungselemente ein, so ist hier darauf zu achten, dass die Fugen im angelieferten Zustand, der meist relativ trocken ist, ordnungsgemäß geschlossen sind. Gut beraten ist jeder Bauunternehmer, sich ggf. auch für Holzwerkstoffschalungen einen Feuchtigkeitsmesser zu kaufen.

3.13 Zementleimabriss

Schadensursache (geringe Feuchte der Schalung)

Eine vorzeitig mit Brettern geschalte Decke eines Mehrfamilienhauses war wegen der Osterfeiertage fünf Tage einer trockenen Märzwitterung ausgesetzt. Das führte zur Übertrocknung der saugenden Massivholzstruktur und damit zum Schwinden des Holzes. Da Massivholz je Prozent Feuchtigkeitszu- oder -abnahme 0,2 bis 0,3 % seiner Dimension radial wächst bzw. schwindet, bedeutet das bei einer Feuchtigkeitsminderung um etwa 10 % – die schnittfeuchten Bretter waren von 25 % auf etwa 15 % witterungsbedingt heruntergetrocknet – eine Brettbreitenverringerung von 100 auf 97 bis 98 mm. Kurz vor dem Betonieren, also am Dienstag früh, wurde die Schalung mehr oder weniger flüchtig abgespritzt und dann der Beton aufgebracht. Im Zuge der Hydratisierung des Zementes wurde ein Teil des Überschusswassers von der Schalung aufgesogen. Inzwischen hatte der Beton seine Grünstandsfestigkeit erreicht, als die Brettschalung zu „wachsen" anfing, um ca. 2 bis 3 mm je Brett bis zur Ausgangsbreite. Da mit dem Verdichten des Betons eine materialgerechte Sedimentation großer Gesteinskörnung erfolgt, das Mehlkorn im Schalungsbereich in der Minderheit ist, ergibt sich verstärkt die Haftung des Zementmörtelanteiles zur saugenden Brettschalung hin, anstatt zu den glatten Rundungen der groben Kieskörnung und zwar entsprechend des vorhandenen Mehlkornes partiell unterschiedlich. Hinzu kommt, dass auch die Bretter strukturverschieden sind, deshalb unterschiedlich wachsen und andererseits differierende Hafteffekte zeigen.

Trennmitteleinwirkungen – im vorliegenden Fall war eine Öl-in-Wasser-Emulsion zu stark verdünnt worden und mit eingetrocknet – können bei richtiger Wahl und Dosierung einer solchen Auswirkung entgegentreten, bei unsachgemäßem Material aber, z. B. bei chemischer, hydratationsstörender Wirkung, diese verschlimmern.

Abb. 3.13–1　Brettgeschalte Decke mit Zementleimabriss

Gutachterliche Einstufung

Bei evtl. Überdimensionierung eines nach der Austrocknung der Schalung aufgebrachten chemisch reagierenden Trennmittels entsteht neben dem „Strukturab-
schluss" der Betondeckenuntersicht eine Vermehlung an der Betonoberfläche.

Beseitigung

Im Zusammenhang mit hydratationsbeeinträchtigenden Trennmittelauswirkungen,
sprich Vermehlungserscheinungen, kann über ein Nachsprühen mit Wassernebel
infolge Nachhydratation eine Oberflächenverfestigung erreicht werden. Sofern das
nicht hilft, bedarf es einer Fluatierung und damit einer Verkieselung. Wegen der Verfahrensweise ist eine Beratung durch den Materiallieferanten unumgänglich.

Sofern die brettgeschalte Fläche in ihrer materialgerechten Reproduktion nur gestri-
chen werden sollte, z. B. bei Keller- oder anderen untergeordneten Decken, bedarf es
eines Oberflächenausgleiches der Mängelbereiche, zweckmäßigerweise mit einem
modifizierten, also kunstharzvergüteten Zementmörtel, wobei die Bruchflächen zuvor
auf gleicher Basis mit Haftgrund versehen sind. Bezüglich der Rezeptur des modifizierten Mörtels bedarf es ggf. einer fachlichen Beratung durch die Bau-Chemie.

Vorbeugung

Die Vorbeugung – und das gilt für alle saugenden Schalungen, also auch für 3-S-Platten – ist dann einfach, wenn die Schalung rechtzeitig ausreichend durchfeuchtet wurde. Unter „ausreichend" versteht der Praktiker im Zusammenhang mit Massivholzschalung einen Feuchtigkeitsgrad von 18 bis 20 %. Wichtig ist, dass diese Schalung dann mittels materialgerechter Trennmittelbehandlung „abgesperrt" wird, um ein Austrocknen weitgehend zu vermeiden. So werden über den Einsatz eines farblosen Mineralöltrennmittels – für die beiden ersten Einsätze – die Oberflächenporen so verstopft, dass ein Feuchtigkeitsschwund zumindest gemindert wird. Nicht vergessen sollte man – und das gilt vor allen Dingen für raue Schalung und Sichtbeton, – das frische Brettmaterial vor dem ersten Einsatz durch Alkalieinwirkung, sprich Auftrag eines Zementleimes, zu neutralisieren, also von Inhaltsstoffen zu befreien, um von dieser Seite her Versandungserscheinungen zu vermeiden.

3.14 Betonkosmetik – Fehler

Schadensursache (Betonverarbeitung)

Brettgeschalte Sichtbetonflächen neigen schalungsbedingt zur rauen, offenporigen Betonfläche mit betonter Bretteinteilung. Bei unzweckmäßigen Spundungen, d. h. konstruktiven Schalungsspielräumen, sind Betongrate ein charakteristisches Merkmal, das den gestalterischen Beton optisch kaum beeinträchtigt. Demzufolge bedarf es auch keiner Überarbeitung. Anders bei Versandungen und vor allen Dingen Nestbildungen, die einerseits die Karbonatisierung zu beschleunigen vermögen, andererseits das Erscheinungsbild des Sichtbetons durch partielle Farbtongegensätze erheblich vermindern können.

Hier gilt es, eine schalungsgerechte Ausbesserung durch Wahl eines im Farbton angepassten, materialgleichen Mörtels und einer mittels Brettreproduktion sichergestellten Struktur zu gewährleisten.

Nimmt man darauf keine Rücksicht, bedient sich z. B. eines beliebigen industriellen Fertigmörtels, meist mit sehr dichtem Gefüge und damit porengeschlossener Oberfläche, und wird dieser zusätzlich mit einer Kelle geglättet, so ist eine berechtigte Mängelrüge vorprogrammiert.

Abb. 3.14–1   „Betonkosmetik"?

Gutachterliche Einstufung

Sicherlich ist es einfach, bei Mängeln strukturierter Sichtbetonflächen von einer flächigen Überarbeitung, also z. B. Betonkosmetik auszugehen, folgernd dass eine stilgerechte Ausbesserung nur mit handwerklichem Aufwand zu bewerkstelligen ist.

Für den Sichtbeton-Sachverständigen aber ist das eine bewusste Minderung des gestalterischen Wertes, stellt den Verlust des Sichtbetonzuschlages dar und rechtfertigt zudem wegen späterer Unterhaltungsarbeiten eine Wertminderung. Eine nachlässige Ausbesserung dagegen bringt gleichfalls den Abzug des Sichtbetonzuschlages, es sei denn, die gesamte Fläche wird bearbeitet.

Sonderforderungen des Bauherrn, wie sie sich oftmals aus einer solchen Mängelrüge z. B. bezüglich farbiger Gestaltung ergeben können, sind jederzeit nachzukommen, doch beschränkt sich die kommerzielle „Zutat" des Auftragnehmers auf die Kosten einer Betonkosmetik ohne Abzug einer Wertminderung.

Beseitigung

Hier muss, z. B. im Falle eines relativ großflächigen Nestes, handwerklich gekonnt ausgebessert werden. Es geht dabei um zwei Arbeitsabschnitte. Erstens den offenen Bereich fach- und materialgerecht – am besten auf materialgleicher Basis mittels mod. Zementmörtels mit einem Gesteinsgrößtkorn bis zu 1/3 der Schichtdicke – so zu schließen, dass zweitens für die gestalterische Ausbesserung ein angemessener oberer Schichtspielraum von etwa 10 mm bleibt.

Dann muss es darum gehen, durch Kombination z. B. eines PZ 35 F mit Weißzement gleicher Güte, unter Beigabe von Quarzmehl den Farbton zu mischen, welcher im Trockenzustand der der Schadensstelle benachbarten Betonfläche gleicht.

Nach Anziehen der letzteren Lage muss – ohne vorherige Wässerung – erneut grundiert werden und Nass-in-Nass Feinmörtel bis zur oberen Strukturhöhe des benachbarten Sichtbetons aufgetragen werden, der abschließend zu glätten ist.

Nach Anziehen des Mörtels – je nach Jahreszeit dauert das ca. eine halbe bis dreiviertel Stunde – das hier von außen nach innen erfolgt und mittels Fingerdruck getestet werden kann, wird das vorbereitende, also mit Trennmittel behandelte Brettstück strukturseitig aufgedrückt und leicht mit dem Fäustel angeklopft. Da es sich im vorliegenden Fall um die einfachste Form eines brettgeschalten Sichtbetons handelt, geht es vorrangig darum, den passenden Farbton zu erreichen, um eine Farbabweichung zu vermeiden.

Vorbeugung

Bei Brettschalungen für Sichtbetonflächen, ob sägerau oder gehobelt, muss es vorrangig seitens des Arbeitsvorbereiters darum gehen, die geeignete Spundung zu wählen, um damit Schlämmablauf unmöglich zu machen.

Auch ist auf eine Eigenfeuchte der Schalung von ca. 16 % zu achten, um bei extremer Witterung unkontrollierbaren Schwind- oder Quellbewegungen entgegenzutreten.

Schließlich sollte man bei frischen Massivholzschalungen bei der Vorbehandlung mit Zementschlämme die Alkalineutralisierung nicht vergessen, um vor allen Dingen beim ersten Einsatz, den Entzug von Zugabewasser des Betons durch Auftrag eines wasserabweisenden, porenstopfenden Mineralöltrennmittels zu verhindern.

4 Sichtbeton – Fertigteile

4.1 Kalkausblühungen, Kalkschleierbildungen

Schadensursache

Im Gegensatz zu Kalksinterungen, die meistens mit Rissbildungen und mit fließendem Wasser zusammenhängen, haben wir es, besonders bei Fertigteilen, die unmittelbar nach der Herstellung im Freien gelagert werden, mit witterungsbedingten Einflüssen zu tun. Dabei wandert das bei der Hydratation frei werdende Kalkhydrat an die Oberfläche, wird unter Einfluss des Kohlendioxids der Luft chemisch mehr oder minder intensiv in das schwer lösliche Kalziumkarbonat umgewandelt und führt so zur partiellen oder flächigen Aufhellung, die eine gestalterische Einschränkung des Sichtbetoneffektes bedeutet. Diese chemische Umwandlung kann durch Einfluss von Oberflächenfeuchte, also von außen, z. B. durch Nebel, Regen oder gar Schnee gefördert werden, sodass besonders im Herbst, Frühjahr oder Winter störende Farbtonaufhellungen zur Tagesordnung gehören, besonders wenn wir es mit einem kapillarporenreichen Beton zu tun haben.

Abb. 4.1–1
Sichtbeton-Fertigteileelemente

Gutachterliche Einstufung

Kalkschleierbildungen sind oftmals, je nach Lager- und Witterungsbedingung, kaum ganz zu vermeiden, zumal dann, wenn die Fertigung unter Zeitdruck steht und eine kalte Außentemperatur die Erhärtungsreaktion und die Wasserverdunstung beeinträchtigt, der Auftraggeber andererseits auf Montage drängt. Demzufolge sind mehr oder minder geringe, flächige Farbtongegensätze, also solche, die nicht auf Sedimentation o. a. Herstellermängel zurückzuführen sind, nicht als Fehler gegenüber einer Sichtbetonforderung und damit nicht wertmindernd einzustufen. Letztlich kann man davon ausgehen, dass im montierten Zustand weitergehende Oberflächenkarbonatisierungen gegenüber der Gesamtfassade zur optischen Angleichung führen und damit Farbtongegensätzlichkeiten zumindest gemindert werden, wenn sie nicht ganz entfallen.

Beseitigung

Möglichkeiten der Beseitigung oder zumindest der Minderung gibt es, sofern die Notwendigkeit aus optischen Gründen gegeben ist, z. B. mittels ca. 10 %-iger Ameisensäure, die mit Bürste oder im Sprühverfahren aufgetragen wird, wobei die Betonfläche vorher intensiv anzunässen und anschließend gründlich abzuwaschen ist, um alle Säurerückstände zu beseitigen. Ob dieser Aufwand an einer fertigen Fassade gerechtfertigt ist, erscheint, von Extremfällen abgesehen, fragwürdig und es ist ggf. bauchemisch abzuklären, ob nicht andere Mittel, sog. „Betonschleierentferner" o. Ä., geeigneter sind. Das gilt vor allen Dingen für partielle Aufhellungen.

Vorbeugung

Da Oberflächenwasser bzw. -feuchtigkeit eine entscheidende Rolle bei Kalkablagerungen oder -ausblühungen spielen, muss bei ungünstigen Voraussetzungen für eine entsprechende wasserabweisende Behandlung gesorgt werden.

Dabei bietet sich eine Hydrophobierung an. Hier bedarf es unter allen Umständen der Abstimmung mit eventuell geplanten Nacharbeiten, wie Imprägnierungen aller Art mit dem jeweiligen Materialhersteller. Mit diesem „Oberflächenschutz" der frischen Betonfläche entsteht im Sinne einer sog. Betonnachbehandlung eine Maßnahme zur ausgeglicheneren Hydratation, indem dem jungen Beton der eigene Bedarf an Zugabewasser gesichert wird.

4.2 Farbtonabweichung – durch partielle Verdichtung

Schadensursache (Schalungsmängel)

Es gibt zahlreiche material- und schalungsbezogene Ursachen für Farbtonunterschiede auf Sichtbetonoberflächen. Hier geht es darum, ob und inwieweit solche extremen „Ausreißer" montiert werden müssen und warum es nicht möglich ist, eine Qualitätskontrolle vorzuschalten. Zumindest müsste der Auftragnehmer in der Lage sein, optisch annährend übereinstimmende Elemente nebeneinander auf einer Fassade anzuordnen und dafür zu sorgen, dass unansehnliche Einzelgänger nicht eine sonst gefällige Fläche optisch beeinträchtigen. Große Flächenanteile lassen sich nach einer Reklamation zusammen behandeln und sind wirtschaftlicher zu sanieren. Fassaden jedoch von Hunderten von Quadratmetern, die wegen einer einzigen oder auch zwei Platten überarbeitet werden müssen, sind teuer. Das ist dann eine Frage der Organisation und der internen Abstimmung, auch wenn die Montage durch einen Subunternehmer übernommen wird.

Abb. 4.2–1   Farbtonabweichungen

Gutachterliche Einstufung

Derartige Nachlässigkeiten, denn etwas anderes ist es nicht, stoßen bei einem Gutachter auf wenig Verständnis und führen zur Minderung und Nachforderung. Der Auftraggeber wird sich selten auf die Regeneration einzelner Fassadenplatten einlassen, sondern, und das meist mit Recht, die gesamte Fläche oder gar das ganze Objekt mit einer Lasur versehen lassen, um zugleich Sichtbetonforderungen (je nach Sichtbetonklasse) jeglicher Art abzulehnen. Ob und inwieweit das z. B. durch Betonkosmetik gerechtfertigt ist, zeigt das Ergebnis und kann erfahrungsgemäß erst vom Sichtbeton-Sachverständigen am Objekt entschieden werden.

Jedenfalls spielt die Gedankenlosigkeit bei der Montage bzw. vor Auslieferung (Werk) eine nicht unerhebliche Rolle und beeinflusst alle weiteren Überlegungen.

Beseitigung

Sofern es sich nur um einzelne Platten handelt, die sich im Farbton stark unterscheiden, bedarf es der Feststellung, welchen Ursprung die Farbtonschattierungen haben. Es kann sich um Versandungen, partielle Verdichtungen mit porigem oder dichtem Gefüge handeln oder um ein uneinheitliches Gesamterscheinungsbild, das flächig oder partiell wolkig ist.

Daraus ergibt sich die Notwenigkeit einer Überarbeitung, die im Farbton angepasst wurde. Es ist immer sinnvoll, sich des am Objekt eingesetzten Zementes zu bedienen, diesen ggf. durch Weißzement oder Titandioxid aufzuhellen. Oftmals liegen im Werk ausrangierte Platten oder Plattenstücke, die zu einer Versuchsbehandlung geeignet sind und es ist immer ratsam, eine materialgleiche Probefläche vorzuschalen.

Vorbeugung

Wie bereits anfangs erwähnt, bedarf es bei vorgefertigten Fassadenplatten einer zeitlich ausreichenden Lagerung. Bei kalkschleierfreien Ausführungen ist während feuchter Witterung eine Vorbehandlung mittels Hydrophylierung zweckdienlich, wobei es nicht ohne fachlichen Rat geht, d. h., der Hersteller des einzusetzenden Fabrikats ist über die richtige Anwendungstechnik zu befragen. Und vor der Montage ist eine gewissenhafte Qualitätskontrolle in eigener Regie oder durch den Architekten notwendig. Sollten sich die Platten in ihrer Gesamtheit als zu dunkel erweisen oder farbtonfleckig erscheinen, ist es hier am „Platz" immer noch möglich, diese zu ebener Erde einer materialgerechten Nachbehandlung zu unterziehen. Mit der Montage unzureichender Platten ergeben sich sofort verschiedenartige Erschwernisse und Mehrkosten.

4.3 Farbtonabweichung – durch Wolkenbildung

Schadensursache (Betonverarbeitung)

Großflächige, strukturierte Fassadenelemente werden industriell allgemein auf Stahltischen horizontal gefertigt, wobei elastische Kunststoff-Matrizen mit der gewünschten Struktur lose aufgelegt werden. In quadratischer oder rechteckiger Feldaufteilung werden die aufgelegten Bewehrungsmatten durch Abstandhalter gegenüber der Kunststoffschalung gehalten.

Wird der Vorsatzbeton etwa bis zur Höhe der Armierung aufgebracht und werden die Außenrüttler eingeschaltet, übertragen sich Schwingungen der Tischplatte auf die lose liegende Matrize. Das führt im Bereich des durch Abstandhalter fixierten Feldes zu einer kreisförmigen Pumpwirkung. Geht man zusätzlich davon aus, dass die oftmals beheizten Stahltische noch oder wieder Eigenwärme haben, so dehnen sich die gummiartigen Schalungen geringfügig aus und, wiederum durch die Abstandhalter fixiert, wölben sich an. Dadurch wird einerseits der Pumpeffekt verstärkt und andererseits im Beton eine konkave Oberflächenabweichung hervorgerufen.

Die Pumpbewegung ihrerseits entzieht dem Beton zur Schalung hin überschüssiges Zugabewasser, erhöht z. T. erheblich den W/Z-Wert im Mittelbereich zwischen den Abstandhaltern und führt zu partiellen Aufhellungen. Somit können drei Erscheinungen kombiniert auftreten: nämlich die Einschränkung der Planebenflächigkeit, eine Sedimentation und intensive Farbtonschattierungen, die allein oder gemeinsam Sichtbetonqualitäten infrage stellen und eine flächige Überarbeitung notwendig machen. Ein Schaden, der u. U. kostenträchtig sein kann, sofern die Struktur infolge mangelnder Planebenflächigkeit nicht regenerierbar ist.

Abb. 4.3–1   Farbtonabweichung

Gutachterliche Einstufung

Da hier unbestreitbar ein Ausführungsfehler vorliegt, ist die Frage der Verantwortlichkeit eindeutig zu beantworten. Dabei ist es von Bedeutung, welcher Art der oder die Mängel sind. Ob es z. B. bei Erhalt der Planebenflächigkeit und Struktur nur darum geht, den partiellen Aufhellungen zu begegnen und dass neben den Kosten der Nacharbeit keine Wertminderungen auftreten.

Zwar handelt es ich um industriell vorgefertigte Elemente, und man sollte u. U. davon ausgehen können, dass die angesprochenen Fehler rechtzeitig ermittelt werden, um sich für einen Ersatz starkzumachen. Die Erfahrung aber hat gezeigt, dass die Mängel erst auf der Baustelle, d. h. an der Fassade, nicht zuletzt durch Witterungseinfluss, optische in Erscheinung treten und oftmals erst im Zuge der Abnahme zur Diskussion stehen. Dann geht es kaum ohne Sachverständigen.

Achtung: Nach div. Merkblättern sind Hell-, Dunkelverfärbungen je nach Sichtbetonklassen zulässig.

Beseitigung

Es ist wiederum zu differenzieren, welcher Art der oder die Mängel sind. Sind es „nur" partielle Kalkausblühungen, so bietet sich eine Betonkosmetik an. Dabei ist auf die Farbtonanpassung zu achten. Die Ausführung selbst ist eine Frage handwerklichen Könnens und der praktischen Erfahrung, die anhand entsprechender Referenzbauten nachzuweisen sind.

Haben wir es mit starken Ebenheitsabweichungen zu tun, die im Extremfall bei Durchmessen von ca. 30 cm bis 3 cm tief sein können, so ist bei einer einzigen Schadensstelle eine Betonkosmetik unter Erhalt der gewünschten Struktur möglich, erfordert aber fachliche Qualifikation.

Allein aus diesem Grunde scheint es unumgänglich, Fassadenelemente vor der Montage in jeder Hinsicht auf die geforderte Qualität zu prüfen, um ggf. rechtzeitig eine Neuproduktion aufzulegen. Mit Sicherheit ist das der wirtschaftlichste Weg.

Vorbeugung

Um bei der Anwendung flexibler Matrizen gute Ergebnisse zu erzielen, muss man die elastische Schalung kraftschlüssig auf den Tisch selbst oder eine getrennt montierbare, starre Unterlage flächig befestigen.

4.4 Farbtonabweichung – durch schlierenartige Wolkenbildung

Schadensursache (Betonverarbeitung)

Außenfassaden, insbesondere wenn es sich um Vorsatzeinheiten von Sandwichelementen handelt, weisen einerseits eine relativ geringe Stärkendimension von 8 bis 10 cm auf, beinhalten damit über ein mit ca. 8 mm beschränktes Größtkorn einen hohen Bestandteil an Mehlkorn, der lt. DIN 1045-2 [1.3.2] etwa 550 kg/m^3 beträgt inkl.

Zement, der erfahrungsgemäß sehr hochwertig, also fein gemahlen ist. Alles in allem dazu angetan, über eine intensive Tischrüttelung, besonders bei Frequenzüberschneidungen, zu intensiven Sedimentationen mit partiell unterschiedlichen Konzentrationen und damit zu Farbtonwolken auf der Betonoberfläche zu führen. Die Qualität eines solchen Betons, also z. B. hinsichtlich Druckfestigkeit, steht außer Zweifel. Oftmals werden Werte – mit dem Schmidtschen Hammer gemessen –, die über 60 N/mm² liegen und erkennen lassen, dass auch langfristig Karbonatisierungstendenzen keine Anhaltspunkte finden, deren Fronten demnach auch nach ca. 30 Jahren kaum über 10 mm liegen dürfen.

Trotzdem kommt es zu Beanstandungen, weil die Optik nicht stimmt oder weil der Bauherr, der Materie unkundig, Sorge hat, dass das mehr oder weniger unansehnliche Bild zugleich einen Beweis für mangelnden technischen Wert darstellt. Jedenfalls kann eine solche Fläche nach als Sichtbeton deklariert werden und bedarf einer Betonkosmetik.

Gutachterliche Einstufung

Ist Sichtbeton gefordert, so ist eine Beanstandung gerechtfertigt, und der Auftragnehmer hat unter Abzug einer evtl. Sichtbetonzulage für eine entsprechende Überarbeitung zu sorgen.

Bei der zu erwartenden Nacharbeit muss sich der Plattenhersteller darauf einstellen, dass wegen evtl. periodisch notwendiger Lasurerneuerungen eine Wertminderung in deren Höhe auf ihn zukommen kann, deren Umfang etwa bei zwei Anstrichkosten liegen dürfte, ggf. unter Berücksichtigung einer Inflationsrate.

Beseitigung

Davon ausgehend, dass es sich bei dem Betonoberflächengefüge um eine sehr dichte Struktur handelt, und der Einsatz einer mod. Zementschlämme langfristig fragwürdig sein dürfte, bietet sich eine Behandlung auf Kunstharzbasis an: zunächst einer niederviskosen Imprägnierung z. B. auf Silan-Siloxan-Basis, dann einer Grundierung mit Acrylat der Zwischen- und Deckschichten mit Risse überbrückenden Eigenschaften. Mit der Imprägnierung werden zugleich evtl. Schwindrisse geschlossen und es erfolgt eine Hydrophobierung gegen Oberflächenwasser. Bei der Grundierung mit überwiegendem Hydrophobierungsanteil schließt sich ein Gefügekontakt zum imprägnierten Bereich, wogegen der Acrylanteil der zusätzlichen Verfestigung der obersten Betonschicht dient. Evtl. heterogenbedingte Sedimentationsunterschiede werden damit neutralisiert. Der Anstrich kann als Grundlage der folgenden Anstriche dienen. Die anwendungstechnischen Einzelheiten sind den Anleitungen der jeweiligen bauchemischen Industrie zu entnehmen bzw. einer entsprechenden fachlichen Beratung.

Vorbeugung

Die Gewähr sedimentationsausgleichenden Betongefüges liegt allein in einer kontrollierten Verdichtung. Frequenzüberschneidungen, d. h. Vibrationsüberlagerungen der Verdichtungswellen, sind zu vermeiden, weil sie praktisch eine Mehrfachverdichtung des Mehlkornes und damit eine sog. Sedimentation, gleichbedeutend mit Farbtongegensätzen, ergeben. Auch sollte der Beton selbst gleichmäßig eingeschüttet und dosiert entlüftet werden.

4.5 Farbtonabweichung – „runde Flecken" an Balkonbrüstungen

Schadensursache (Betonverarbeitung)

Auch wenn die verdichtungsbedingten Sedimentationserscheinungen in ihrer relativ geringen Farbtongegensätzlichkeit nur schwach erkennbar sind, so ergeben sich wegen der sichtbaren Kreise zweifellos Mängelrügen, die hätten vermieden werden können. Die Ursache beruht auf dem Einsatz zentral positionierter Rüttelflaschen, wodurch an zwei oder drei Schwerpunkten der Brüstungsfläche kreiswellenartige Sedimentationen optisch störend in Erscheinung treten, die zu berechtigten Reklamationen führen. Hinzu kommt, dass der dunklere Farbton auf eine andere Schalung hinweist, die auch die gestalterische Harmonie zu beeinträchtigen in der Lage ist.

Abb. 4.5–1   Sichtbeton – Balkonbrüstungen

Gutachterliche Einstufung

Entscheidend für die Einstufung ist zwar einerseits die vorhandene gestalterische Abweichung, verbunden mit der Frage nach der Wahrscheinlichkeit einer witterungsbedingten Angleichung der Farbtondifferenzen, andererseits die Feststellung, dass hier bewusst eine für den Zweck zweifelhafte Verdichtungsmethode zur Anwendung kam und danach die sichtbaren Mängel vorprogrammiert waren. Somit handelt es sich um einen, wenn auch nur optisch geringfügigen Fehler, der aber von der Ursache her die Sichtbeton-Minderung rechtfertigt. Demgegenüber ist die Farbtonabweichung kein ausreichender Grund einer Beanstandung, da derartige Nuancen nicht zu vermeiden sind.

Beseitigung

Bei beiden Mängeln scheint die optische Beeinträchtigung eine flächige Überarbeitung nicht zu rechtfertigen und man sollte davon ausgehen, dass seitens der Witterung mittelfristig eine Farbtonangleichung zu erwarten ist.

Vorbeugung

Wie bereits erwähnt, sind bezüglich Farbtondifferenz geringe Toleranzen gerechtfertigt, sodass kaum vorbeugende Maßnahmen zu treffen sind.

Was die kreisförmige Sedimentation betrifft, so sollte man generell vorgefertigte Plattenelemente immer auf dem Stahltisch mittels Außenrüttlern verdichten und, was mindestens genauso wichtig sein dürfte, gleichmäßig schütten, mit dem Bestreben **ohne** Abstandhalter zu arbeiten. Man betoniere also in zwei Abschnitten. Erstens Vorsatzbeton bis Höhe der Überdeckung verdichte leicht an, lege die Matten auf und betoniere zweitens den Restbeton, um dann die ganze Platte nach einem Erfahrungszeitraum endgültig zu entlüften.

Ggf. können die Matten auch eingehängt und über ein Hochkantbrett quer gelegt werden und der Beton in seiner Gesamtheit gleichmäßig eingebracht werden.

4.6 Farbtonabweichung – „Abzeichnung" der Bewehrung und Lagerhölzer

Schadensursache

Wenngleich alle drei Mängel optisch relativ gering in Erscheinung treten, kann ihre Intensität an anderer Stelle durchaus stärker zur Auswirkung kommen bzw. sich auch partiell steigern. Es muss also darum gehen, die Ursachen zu ergründen, um ihnen vorbeugen zu können.

Zum Beispiel eine Fassadenplatte, die sich durch einen dunkleren Farbton abzeichnet, was im Zusammenhang mit der Tischbeheizung vermutlich auf die längere Schalzeit einer Wochenendproduktion zurückzuführen sein kann. Mit anderen Worten: Hier wurde der tägliche Ausschal- bzw. Abhebeturnus nicht eingehalten, sondern die zum Wochenende gefertigte Platte erst am Montag abgehoben. Dadurch ergibt sich bei dieser Platte gegenüber den kurzfristigen, im Tagesrhythmus abgehobenen Platten eine intensivere Hydratation, wie sie sich im Farbton auswirken kann, ganz abgesehen davon, dass frühzeitig im Freien gelagerte Platten, insbesondere bei feuchter Witterung infolge Oberflächenkarbonatisierung, schneller aufhellen und hiermit ein Farbtonunterschied gegenüber dem „Nachzügler" entstehen kann. Ein technisch verbindlicher Nachweis ist mit Sicherheit schwierig.

Als weitere Eigenart kennzeichnet diese Platte, dass sie scheinbar horizontal auf Kanthölzern gelagert wurde und daher **helle Streifen** erkennen lässt. Auch hier ist ein Ursachennachweis problematisch und es kann nur eine Vermutung angestellt werden, dass relativ frische Lagerhölzer zum Einsatz kamen, die das Abbinden des Betons zunächst verzögerten, Kalkhydratbestandteile an die Oberfläche zogen, um dann im freien Zustand zu eine intensiveren partiellen Karbonatisierung und damit zu einer stärkeren Aufhellung führten.

Die dritte Erscheinung an der Fassadenplatte ist für glatt geschalte, planebene Großflächenelemente fast normal. Diese Bewehrungstransparenzen sind das Ergebnis intensiver Verdichtung, erreicht mit Außen-, also Tischrüttlern, die ihre Frequenzen über die Abstandhalter auf die Bewehrung – allgemein sind es Matten – übertragen und die synchron zum Bewehrungsraster zur Sedimentation führen können, und zwar um so intensiver, je verdichtungsfreudiger der Beton ist und je länger die Vibration anhält.

Gutachterliche Einstufung

Betrachtet man die beispielhaft beschriebene Fassade, stellt sich zunächst die Frage, nach welcher Zeitspanne die Mängel in Erscheinung getreten sind – hier war es etwa nach einem Vierteljahr – und ob mit einer witterungsbedingten optischen Neutralisierung zu rechnen ist. Auch die gestalterischen Einbußen, bezogen auf das Objekt selbst, also die evtl. Beeinträchtigung des Verkehrswertes, wären abzuschätzen. Es ist ein Unterschied, ob es sich um eine Straßenfront oder um eine Gebäuderückseite, evtl. sogar einen Innenhof, handelt vergleichbar mit den „Sichtbetonklassen". Man ist bei einem Neubau gut beraten, zumindest erst die Gewährleistungszeit abzuwarten.

So kann z. B. damit gerechnet werden, dass sich die dunklere Platte nach dem ersten Winter etwas aufhellt und damit der Umgebung im Farbton anpasst, außerdem dass sich die hellen Auflagerstreifen angleichen, also weitgehend verschwinden. Dagegen wird der Transparenzeffekt der Bewehrung kaum verschwinden, sondern im Gegenteil eher noch intensiver werden, weil er allein sedimentationsabhängig und damit feuchtigkeitsbezogen ist.

Wenn also alle drei Fehlertypen auf einem gemeinsamen Beurteilungsnenner gebracht werden müssen, dann erscheint es einerseits gerechtfertigt, Wertminderung zu berechnen und die Beantwortung der Frage nach einer Sanierungsnotwendigkeit bis zum Ablauf der Gewährleistung zurückzustellen.

Beseitigung

Mit der gutachterlichen Beurteilung ergibt sich der Hinweis, dass alle drei Mängel in diesem Erscheinungsbild zunächst keine umfassenden Aktivitäten rechtfertigen. Sofern man grundlegend, ohne Einschränkung späterer Maßnahmen, etwas unternehmen möchte, dann bietet sich für die gemeinsame Fläche eine Farblasur an. Das gilt z. B. für die Bewehrungstransparenz, die vorrangig im Farbton durch Außenfeuchte genährt wird. Anders dagegen könnte man durchaus versuchen, die dunklere Fläche bei der Hydrophobierung auszuklammern, um hier über den Kohlendioxidanfall der Luft eine weitere Oberflächenkarbonatisierung und damit eine Aufhellung zu provozieren. Es gibt diesbezüglich keine eingespielten Rezepte, sodass sich ein gewisses Risiko nie ausschalten lässt, wenn es um die Frage langfristiger optischer Regeneration geht.

Vorbeugung

Übereinstimmungen bei der Fertigung nach Material und Handhabung: Unter anderem gleiche Einschalzeit und fachliche Abstimmung im Anschluss an die Produktion, also fachgerechte Lagerung unter gleichen Bedingungen, möglichst im Freien, senkrecht in Stelllagen mit einem Minimum an Lagerberührungsflächen, wobei frisches Holz ohnehin zu vermeiden ist. Sofern feuchte Witterung herrscht und Kalkschleierbildungen u. ä. mehr ausgeklammert werden sollen, stellt sich die Frage nach einer unmittelbar im Anschluss aufzubringenden Hydrophobierung, z. B. auf Silan-, Siloxanbasis, nach vorheriger bauchemischer Beratung.

4.7 Farbtonabweichung – infolge Doppelverdichtung

Schadensursache (Betonverarbeitung)

Verdichtungsintensitäten spielen bei Sedimentationen fast immer die Einfluss nehmende Rolle. Wirken sie partiell unterschiedlich, zeigen sich logischerweise auf der Betonfläche die entsprechenden Farbtonschattierungen.

Im beispielhaften Fall wurde eine Sichtbetonblende, eine sog. Attika, in zwei Arbeitsgängen gefertigt:

1.Arbeitsgang: Herstellung der Platte horizontal auf einem Schalungstisch, verdichtet mittels Außenrüttler;

2.Arbeitsgang: Aufsetzen der Rippenschalung im Mittelbereich mit entsprechender Innenrüttler-, also Flaschenverdichtung, die im Wirkungsgrad bis zur Basis reichte.

Das heißt mit anderen Worten: Im Basisbereich der Rippe wurde der Beton zunächst relativ steif, dann plastisch zweimal verdichtet und es kam verständlicherweise zu einer horizontal, zur Blende verlaufenden Streifensedimentation und damit in diesem Bereich zu einer dunkleren Farbtönung, die nicht zuletzt feuchtigkeitsbedingt war und, am Bau montiert, von außen ständig „genährt" wurde.

Gutachterliche Einstufung

Da es sich hier zweifelsfrei um einen Fertigungsfehler handelt, ist die Verantwortlichkeit eindeutig geklärt. Der „Sichtbetonzuschlag" entfällt zunächst bis zum Ende der Gewährleistungszeit und es ist Aufgabe des Herstellers, über die Nachbehandlung mit einer Hydrophobierung den Feuchtigkeitsnachschub zu bremsen, um über den entsprechenden Ausgleich von innen eine mögliche Farbtonangleichung zu erwirken. Danach besteht das Recht auf Nachforderung des Sichtbetonzuschlages. Tritt die Neutralisierung nicht ein, bleibt also der Farbtonkontrast, so bedarf es einer Betonkosmetik. Der Anspruch auf Sichtbetonzuschlag bleibt bei einer material- und fachgerechten Ausführung erhalten. Die entsprechende Beurteilung obliegt dem Sichtbeton-Sachverständigen.

Beseitigung

Hier kann es praktisch nur darum gehen, den Sedimentationen und damit unterschiedlichen Feuchtigkeitsansprüchen des Betons von außen entgegenzutreten, denn am Gefüge selbst ist nachträglich nichts zu korrigieren. Auch ist ein Farbtonausgleich von innen nur zu bewirken, wenn die Oberfläche hydrophob ist, also Oberflächenwasser nicht eindringen kann. Eine Feuchtigkeitszufuhr von außen bewirkt zudem eine partiell unterschiedliche Oberflächenkarbonatisierung, ohne den gefügebedingten Farbtongegensatz ausgleichen zu können.

Demzufolge kann nur eine wasserabweisende Behandlung auf Siloxanbasis helfen. Das „Wie ist am besten" in einem beratenden Gespräch mit einem Hersteller bauchemischer Baustoffe zu klären und hängt letztlich von der Betonoberfläche und ihrem Saugvermögen ab.

Vorbeugung

Verdichtung von Beton ist eine Sache des „Fingerspitzengefühls" und der praktischen Erfahrung. Dabei sind diverse materialtypische Anzeichen zu beobachten, sobald die Entlüftung weitestgehend ihren Abschluss gefunden hat. Wird Beton in mehreren

Abschnitten im gleichen Bereich übereinander eingebracht und nacheinander verdichtet, so summieren sich die Vibrationen, wie man sich vorstellen kann. Selbstverständlich spielt für die endgültige Verdichtung die Konsistenz und der Gefügeaufbau des Betons eine wichtige Rolle, und auch hier gibt es kein unumstößliches Rezept, wie und wie lange verdichtet werden soll, sondern es bedarf des nötigen Einfühlungsvermögens.

Dabei sollte man immer die gleichen Mitarbeiter den Verdichtungsablauf steuern lassen, die über die notwendige Erfahrung verfügen. Denn es gibt eine Reihe von Einflussfaktoren auf das Resultat der Betonoberfläche – solche, die aus der Bewehrungsdichte, aus Aufbau und Konsistenz des Betons, solche, die aus einer mehr oder weniger saugfähigen Schalung oder deren Rauigkeit herrühren u. v. m. – die schwer aufeinander abzustimmen sind, wo demnach die Erfahrung und das Fingerspitzengefühl des Mitarbeiters gefordert wird.

4.8 Farbtonabweichung – durch Schalungsablösung

Schadensursache (Schalungsfehler)

Mit der hier zu Fertigteilprodukten eingesetzten Polystyrolschalung bediente man sich eines Materials, das praktisch betonseitig keine Feuchtigkeit beanspruchte. Bei der Vertikallagerung im Freien beließ man den noch „warmen" Platten die Schalung, um im Sinne der fachgerechten „Nachbehandlung" ein kurzfristiges Austrocknen der Betonfläche und damit evtl. Schwundrissbildungen zu vermeiden.

Außerhalb der Kontrollmöglichkeit erfolgte in diesem Zusammenhang ein strukturelles Lösen von Schalung und Betonfläche. Bei dem noch warmen Fertigteil, das bekanntlich mit hochwertigem Zementen und damit rel. großer Abbindetemperatur erstellt wird, entstand im Oberflächenbereich „Schwitzwasser", das unter Einfluss des Kohlendioxids der Luft zur chemischen Umwandlung von Kalziumhydroxid zu weiß kristallinem Kalziumkarbonat und damit zur starken, flächigen Aufhellung führte. Im Gegensatz dazu blieb der Kontakt Schalung-Betonfläche bei der angrenzenden Fläche voll bewahrt, es bildete sich kein Schwitzwasser und es folgte keine Karbonatisierung, d. h., der Farbton blieb im Zusammenhang mit der materialbedingten Aushydratation dunkel. Das einer ausgeglichenen Sichtbetonfassade widersprechende Erscheinungsbild liegt nicht zuletzt in der gedankenlosen Montage zweier optisch gegensätzlichen Elemente. Hier liegt der eigentliche Fehler, den man hätte vorzeitig vermeiden können, zumal mit Sicherheit die Aufhellung keineswegs erst am Objekt stattfand.

Gutachterliche Einstufung

Erneut ein ausschließlich optischer Mangel, der entsprechende zu beurteilen ist. Da eine Gegensätzlichkeit, witterungsmäßig mit Sicherheit nicht ausgeglichen wird, entfällt hier der Sichtbetonzuschlag, sofern nicht partiell auf mineralischer Basis für eine optische Anpassung gesorgt wird. Da im vorliegenden Fall davon ausgegangen werden kann, dass es sich z. B. im Rahmen eines Verwaltungsgebäudes um viele solcher Blenden handelt, ist zunächst die Anzahl der „Ausreißer" festzustellen. Sind es nur einige, handelt es sich also um eine partielle Sanierung, so ist diese fachgerecht abzuwickeln und Abweichungen der Farbtöne bezogen auf das Gesamtbild zumutbar, so ist es die Entscheidung des Bauherrn, die Fassade unter Abzug des Sichtbetonzuschlages unbehandelt zu lassen. Ggf., und das ist Ermessenssache des Sachverständigen, kann eine zusätzliche Wertminderung für die optische Einbuße zusätzlich zur Diskussion stehen.

Beseitigung

Die Maßnahmen richten sich nach dem Umfang des Schadens und dem Ausmaß der Farbtondifferenz. Generell sollte man davon ausgehen, dass es einfacher ist, dunklere Flächen mit einem modifizierten Zementleim aufzuhellen. Bei industriellen Fertigerzeugnissen ist eine Farbtonanpassung in den meisten Fällen fragwürdig und sollte durch eine Gewährleistung des Materiallieferanten abgesichert sein. Haben wir es aber, was nach Lage der Dinge durchaus möglich sein kann, mit einer einzigen aufgehellten Platte zu tun, so kann eine Fluatierung – wobei alle benachbarten Flächen gut abzudecken sind, also ein struktureller Aufschluss, zumindest z. T. das gewünschte Anpassungsergebnis erzielen. Man kann aber auch mit kunststoffvergütetem Zementleim für eine gezielte Abdunkelung des Farbtones sorgen, ohne damit den Gesamteindruck des Bauwerkes zu beeinträchtigen. Dies muss allerdings von einem erfahrenen Fachmann ausgeführt werden.

Vorbeugung

Bei Schalungen, seien sie glatt-planeben oder glatt-strukturiert bzw. profiliert, die nicht saugend sind, d. h. keine eigenen Feuchtigkeitsansprüche stellen, sollte man nach der Fertigung von Betonteilen davon ausgehen, dass sie einheitlich vor der Freiluftlagerung komplett ausgeschalt werden müssen, um damit einen übereinstimmenden Farbton zu gewährleisten. Das schließt allerdings besonders bei feuchter Witterung eine generelle oder u. U. partielle Aufhellung, besonders bei vertikal aufgestellten Platten im oberen Bereich nicht aus. Dem kann man nur durch eine sehr frühzeitige Hydrophobierung, möglichst vor der Lagerung, entgegnen, und zwar mit einem Material, das feuchtigkeitsverträglich ist. Jedenfalls ist die Gewähr eines einheitlichen Erscheinungsbildes, insbesondere im Farbton, nur über eine entsprechend übereinstimmende Vor- bzw. Nachbehandlung der Sichtbetonflächen gegeben.

4.9 Farbtonabweichung – „Mulden" in der Sichtbetonoberfläche

Schadensursache (Schalungsfehler)

Erscheinungen, wie sie in dieser extremen Ausführung sicherlich Seltenheitswert haben, treten bei bestimmten Produktionsmethoden industriell vorgefertigter Fassadenplatten auf. Bei folgendem Fall wurden elastische Strukturmatrizen mit Holztextur lose auf beheizbare Kipptische aufgelegt und die Mattenbewehrung vorzeitig mit im Quadrat angeordneten Abstandhalter eingesetzt. Die Matrizen waren normal temperiert, ca. 18 °C, gelagert und dehnten sich im Zuge der Auflagerungen auf den noch warmen Tischen geringfügig innerhalb der Ebene aus. Im Quadrat durch die Abstandhalter fixiert und noch nicht durch Beton belastet, führte diese Ausdehnung zu einer partiell geringfügigen Wölbung. Es folgte der Vorsatzboden und über die fest montierten Außenrüttler eine intensive Vibration, die in den bereits leicht gewölbten Quadratflächen zu einem Pumpeffekt führte und damit partiell ein Erhöhen des Wasserzementwertes ergab. Mit dem Einbringen des Restbetons und der erneuten Verdichtung über den Tisch wiederholte sich der Pumpvorgang im Schalungsflächenbereich, vertiefte die Mulde erneut und steigerte ein weiteres Mal den W/Z-Wert im Rund des Abstandhalterquadrates. Da die wasserangereicherten Flächen witterungsabhängig erst mittelfristig zu den erwarteten starken Kalkausblühungen führen mussten, waren diese Mängel zum Zeitpunkt der Montage kaum zu erkennen. Die Mulden selbst aber, die immerhin bis zu Tiefen von 20 mm zeigten – also weit über die zulässigen Werte der DIN 18 202 hinausgingen –, blieben unverständlicherweise unbeachtet. Eine Mangelerscheinung, die eindeutig im Widerspruch zum geforderten Sichtbeton stand.

Gutachterliche Einstufung

Auch wenn es ich im vorliegenden Fall „nur" um einen optischen Mangel handelt, so geht er doch nachweislich auf Verarbeitungsfehler zurück. Eine fach- und materialgerechte Überarbeitung im Sinne der Erhaltung des lt. Leistungsbeschriebes geforderten Sichtbetons ist nicht oder nur bedingt möglich. Mit anderen Worten: Es entfällt einerseits der Sichtbetonzuschlag und andererseits ist eine Wertminderung gerechtfertigt, da die zu behandelnden Betonflächen ihre Holztextur verlieren, überstrichen werden und somit von Zeit zu Zeit einer „Schönheitsbehandlung" bedürfen, die im Falle des Sichtbetons kaum notwendig gewesen wäre.

Für den Auftragnehmer kommen somit die Kosten für eine Betonkosmetik und eine entsprechende farbliche Überarbeitung zur Abrechnung, deren Kostenaufwand sich zudem in der Wertminderung widerspiegelt, und es mindert den Sichtbetonzuschlag. Hinzu kommen die Gerüstkosten.

Beseitigung

Unter der Voraussetzung, dass keine Rückstände von Trennmitteln, die eine Dampf-
reinigung notwendig machen, angetroffen werden, bedarf es in allen Muldenberei-
chen einer Betonkosmetik. Ob und inwieweit dabei eine farbige Pigmentierung gewählt wird, wird mit dem Architekten und dem Bauherrn abgestimmt.

Vorbeugung

Bei der Verwendung elastischer Strukturmatrizen ist es mit Ausnahme bei sehr dicken Querschnitten unumgänglich, diese kraftschlüssig mit dem Träger zu verbinden.
Sog. neoprene, also gummiartige Kleber, die möglicherweise mit der Einsatzhäufigkeit an Wirkung verlieren, sind nicht oder nur bedingt geeignet. Es sollten vielmehr
dauerhafte Kunstharzkleber, wie Epoxi, eingesetzt werden, was u. U. bedingt, dass
zusätzlich zum Stahltisch Spanplatten oder billige Sperrholzplatten als Träger eingesetzt werden. Auch sollte dafür Sorge getragen werden, dass die Matrizen vorher –
insbesondere bei Tischheizungen – den Fertigungsräumen entsprechend temperiert
werden. Bzgl. der Bewehrungsmatten erscheint es angebracht, grundsätzlich ohne
Abstandhalter zu arbeiten, d. h. erst den Vorsatzbeton einzubringen, anzuverdichten
und dann die Matten lose aufzulegen oder diese mithilfe quer eingesetzter Hochkant-
bretter in der gewünschten Überdeckungshöhe aufzuhängen.

4.10 Farbtonabweichung – Schüttbedingte Sedimentationen

Schadensursache (Betonverarbeitung)

Im vorliegenden Fall handelt es ich um schüttbedingte Fein- bzw. Mehlkornansamm-
lungen im Zuge einer horizontal verschalten Werksfertigung von Balkonbrüstungs-
elementen. Dabei wurde die „Tube" vermutlich über den beiden Flächenschwerpunk-
ten geöffnet und dann unter Beihilfe von Rechen zwar verteilt, doch über Außen-
bzw. Tischrüttler so lange verdichtet, bis die Oberfläche niveaugleich war. Mit der
Vibration des Tisches aber zieht das Mehlkorn zur Schalung, das grobere Korn verteilt sich und im Zentralbereich kommt es, da Mehlkornbestandteile zum großen Teil
identisch sind mit Zement, zu einem niedrigen W/Z-Wert, ggf. unter 0,4. Damit ist
u. U. partiell die Hydratation unausgeglichen und unvollkommen und Zementbestandteile bleiben glasig dunkel. Der damit entstehende dunklere Farbton hebt sich
von den seitlichen Bereichen mit höherem W/Z-Wert und hellerem Zementstein ab.
Auch das z. T. sichtbare Bewehrungs-, also Mattenraster steht im Zusammenhang mit
den über die Abstandhalter übertragenen Schwingungen und Mehlkornsedimenta-
tionen. Die glatte Schalung tut ihr Übriges.

Abb. 4.10–1 Farbtonabweichung

Gutachterliche Einstufung

Da es sich um eine rein optische Einschränkung geforderter Sichtbetongestaltung handelt, kann auch die fachliche Beurteilung nur unter optischen Gesichtspunkten erfolgen. Ggf. ist eine Minderung des Sichtbetons zu berechnen.

Beseitigung

Selbstverständlich sind diverse Lasuren im Handel, um einer solchen Brüstung ein neues „Gesicht" zu geben. Da aber der Auftraggeber Sichtbeton eingeplant hatte und davon ausging, mit einem Mindestmaß an Unterhaltungsarbeiten auszukommen, ist jede andere Lösung kostenträchtiger. Ein Lasur/Anstrich muss in überschaubaren Perioden erneuert werden.

Für den Auftraggeber bedeutet dies also eine Wertminderung wegen der finanziellen Folgen. Deshalb wird er mit der Schlussabrechnung Anspruch auf eine entsprechende Entschädigung erheben.

Der Rohbauunternehmer bzw. der Hersteller der Brüstungselemente kann eine „**materialgleiche Vergütung**", d. h. eine Oberflächenbehandlung auf modifizierter Basis, also mit kunstharzvergüteter Zementschlämme, die mit Quarzmehl leicht angedickt wird, verlangen. Eine solche Vergütung verlangt ein fachliches Können, eine Vorbereitung mit einem Haftgrund auf gleicher Grundlage und Nass-in-Nass-Verarbeitung der hydraulisch abbindenden mod. Schlämme. Hierbei sind die Anwendungshinweise des Herstellers zu beachten.

Eine solche „materialgleiche" Methode, deren Mehraufwand selbstverständlich vom Brüstungshersteller zu erstatten ist, rechtfertigt die Einstufung als Sichtbeton und entkräftet den Anspruch auf Wertminderung.

Vorbeugung

Partielle oder flächige Farbtondifferenzen und auch Transparenzerscheinungen der Bewehrung sind die Folge unkontrollierbarer Verarbeitung des Betons, ungleichmäßiger Verdichtung und Schwingungsübertragungen von Armierungen im Zusammenhang mit Abstandhaltern. Es ergeben sich folgende Gegen- oder Vorbeugungsmaßnahmen: Entweder gleichmäßiges Einbringen eines Vorsatzbetons, Höhe gemäß der Betondeckung, also 3 bis 4 cm, dann Anverdichten und Auflegen der Matten, um abschließend den rückseitigen Plattenbeton gleichmäßig flächig aufzubringen und entsprechend der Betonkonsistenz materialgerecht zu verdichten.

Oder „Einhängen" der Matten, z. B. über quer angeordnete Hochkantbohlen oder Bretter und kontinuierlichflächiges Einbringen des Betons und zeitgerechtes, also wiederum konsistenzabhängiges Entlüften.

Für die Verdichtung sind Erfahrungswerte maßgebend, wobei man von einer m^3 Richtzeit von ca. 6 bis 10 Minuten, je nach Frequenz und Konsistenz, ausgeht.

Achtung:

Nach dem Merkblatt „Sichtbeton" sind ggf. Wolkenbildung/Farbtonabweichungen zulässig.

4.11 Farbtonabweichung – Schlierenbildung bei „feingewaschenen" Sichtbetonflächen

Schadensursache (Betonverarbeitung)

In den vergangenen Jahren kam immer häufiger als Oberflächengestaltung das „Absäuern" (Entfernen der oberen Zementhaut) zur Ausführung, als Alternative zum Feinwaschen bzw. zur sandgestrahlten Sichtbetonoberfläche. „Absäuern" bzw. „Feingewaschen" bedeutet einen Oberflächen-Gefügeaufschluss von etwas einem Millimeter, der materialseitig verbindlich eingehalten wird. In einer Palette von einem guten halben Dutzend Typen kann gezielt eine Eindring- und Auswaschtiefe bis zu ca. 0,5 cm erreicht werden. Das aber setzt voraus, dass das Oberflächengefüge, mehl- und feinkornbezogen, homogen sein muss und dementsprechend der Betoneinbau und dessen Verarbeitung zu erfolgen haben. Sedimentationen wirken sich, ähnlich wie bei Sandstrahlbeton, durch partielle Farbtongegensätze und bei pigmentiertem Beton durch Farbwolken aus. Ein optischer Fehler, der auch über eine Hydrophobierung nur bedingt zu beheben sein kann bzw. bei eingefärbtem Beton als immer besonders störend auffallen muss.

Besonders der Mehlkornanteil muss stimmen, d. h., das 0/0,25-mm-Material muss dem Größtkorn entsprechend den Empfehlungen der DIN 1045-1 [1.3.1] gerecht werden und der Beton muss verdichtungsfreudig mit dem nötigen Fingerspitzengefühl entlüftet werden. Nicht zu wenig, sonst entsteht u. U. eine haufwerksporige Oberfläche, bei der das Mehlkorn fehlt bzw. erhebliche Luft- und Wassereinschlüsse den Sichtbeton möglicherweise optisch beeinträchtigen. Zu viel Verdichtung aber bedeutet Sedimentation und, je nach Rauigkeit der Schalhaut und Wasserrückhaltevermögen des Zementes, Blutungen und Schleppwassereffekte. Schwierigkeiten ergeben sich vor allen Dingen für Fassadenteile mit geschwungenen Flächen, bei denen zwei glatte Schalungsebenen zu Frequenzüberschneidungen führen können. Hier ist die material- d. h. konsistenzbezogene Entlüftungseinstellung für die Oberflächenqualität von entscheidender Bedeutung. Als Richtwert gilt auch hier eine Entlüftungszeit von 6 bis 10 Minuten je m³ Beton.

Bezüglich der qualitativ hochgestellten Oberflächenforderungen kann es zweckdienlich sein, z. B. einen 0/4-mm-Beton bis zur Dicke der Betondeckung vorzulegen, die Bewehrungsmatten aufzubringen, leicht anzuverdichten, um dann den Kernbeton, allgemein 0/16 mit eingeschränktem Mehlkornanteil, der weitestgehend bereits im Vorsatzbeton enthalten ist, nachzubringen. Das aber ist letztlich Erfahrungssache des Fertigteilherstellers, wobei die Belange des abbindverzögernden Materials ohnehin zu berücksichtigen sind.

Gutachterliche Einstufung

Eine strukturell aufgeschlossene, feinkörnige Zementleimfläche schlierenfrei zu erstellen, ist mit Sicherheit ein anwendungstechnisches Kunststück, zumal wenn der Beton eingefärbt ist. Dabei spielt es u. U. eine wichtige Rolle, welcher Art die Schalung ist, ob es sich wie üblich um eine nicht saugende Stahl-Schalung handelt. Derartige Betrachtungen spielen bei der qualitativen Beurteilung u. U. eine Rolle. Denn es geht darum, den Ist-Zustand am Machbaren zu prüfen und hinsichtlich möglicher Reklamationen einzustufen. Eventuelle partielle Strukturabweichungen müssen am Gesamteindruck gemessen werden, zumal manuelle Überarbeitung erfahrungsgemäß Flickwerk bleibt. Letztlich müssen bei strukturell ausgeschlossenen Oberflächen hinsichtlich der Gestaltung bestimmte Toleranzen akzeptiert werden.

Beseitigung

Mehr oder minder geringfügige, scheinbare Gefüge- bzw. Sedimentationsmängel sollte man getrost ohne Nacharbeit der Witterung aussetzen und davon ausgehen, dass allein im Hinblick auf die Offenporigkeit der Fläche eine natürliche „Patina" nicht lange auf sich warten lässt. Partielle Ausbesserungen sind, wie bereits gesagt, Flickarbeit und stören mehr, als sie zum Guten tun können. Sind nur einzelne Platten, die aber im stärkeren Maße, von Versandungen oder Nestansätzen betroffen und sind sie zu allem Unglück eingefärbt, dann sollte man diese Methode anwenden: die Erstellung einer Betonkosmetik. Sollte in diesem Zusammenhang eine zusätzliche Hydrophobierung zur Debatte stehen, dann kann diese aber nur ganzflächig durchgeführt werden. Das gilt im übertragenen Sinne für Objektmängel, die die gesamte Fassade optisch, ob flächig oder partiell, infrage stellen.

Vorbeugung

Hier gilt es, das o. g. zu beherzigen und sich ansonsten mit den Produzenten der Struktur-Aufschlussmaterialien in Verbindung zu setzen bzw. für den Anfang einen Anwendungstechniker zu konsultieren und, was wichtig sein dürfte, Referenzbauten in Augenschein zu nehmen.

4.12 Attika – Oberseite

Erscheinungsbild

Der obere Abschluss der Sichtbeton-Fassade einschl. der Attika wurde als Betonfertigteil hergestellt. Es wurde beanstandet:

„Trifft es zu, dass nur an der Oberseite die Dauerhaftigkeit die Fertigteil-Elemente beeinträchtigt?"

Abb. 4.12–1   Attika – Betonfertigteil

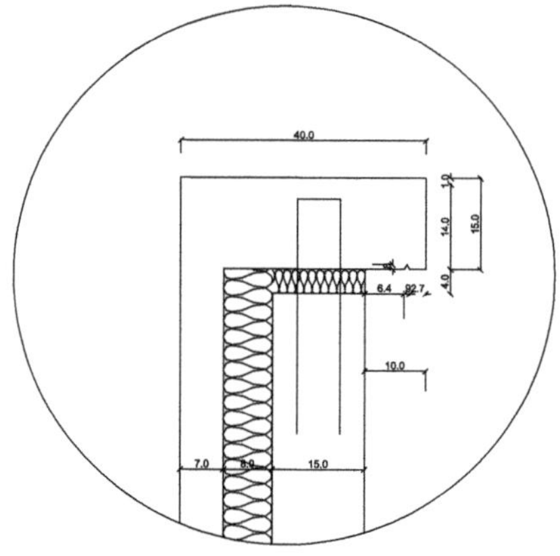

Abb. 4.12–2   Fassaden-Detail

Abb. 4.12–3   Attika – Betonfertigteil

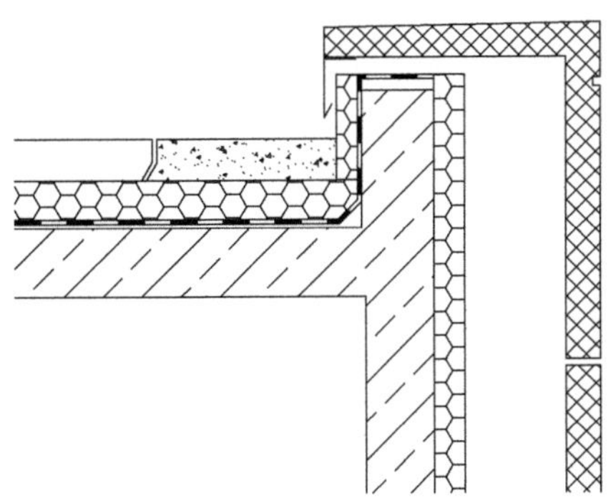

Abb. 4.12.4   Fassaden-Detail

Abb. 4.12–5
Attika: Wasser läuft an der Fassade herab

Gutachterliche Einstufung

JA. Begründung:

Die Attika ist als „Ecke" bzw. „Abwinkelung" ausgeführt.

An der Oberfläche des 2. Betonierabschnittes kam es vermehrt zu Lunkerbildungen, sodass die Fläche stellenweise großflächig gespachtelt wurde.

Diese Spachtelung wiederum wies netzartige Rissbildungen auf.

Auch die an der Oberseite vorhandenen, zugespachtelten Transportanker wiesen einen umlaufenden Abriss zum Fertigteilelement auf.

Anders als bei einer Vertikalfläche kann es bei der horizontalen Attika aufgrund des sehr geringen Gefälles verstärkt zum „Verweilen" des Regenwassers kommen, sodass Wasser in den Riss eindringt, was wiederum bei Frost zu Frostschäden führt.

Vorbeugung

„Wasser darf nicht ruhen. Wasser muss fließen. Ein Gefälle zum Dach ist erforderlich."

4.13 Farbtonabweichung an Gebäudeecken

Erscheinungsbild

Die Fenster-Brüstungen wurden als Betonfertigteile hergestellt. An den Gebäudeecken der Längsseite wurde die äußere Sichtbeton-Vorsatzschale „um die Ecke" geführt.

Es wurde vom AG beanstandet: *„Vermehrte Lunker-Anzahl an den Gebäude-Ecken."*

Darauf hin spachtelte die ausführende Firma die Gebäudeecke komplett, was wiederum zu folgenden Beanstandungen führte: *„Farbabweichungen zu den angrenzenden Betonflächen."*

Gutachterliche Einstufung

JA, die Gebäudeecken weichen aufgrund der Spachtelung „Betonkosmetik" farblich von den angrenzenden Betonflächen ab. Die ausführende Firma hätte gar nicht spachteln brauchen bei entsprechenden rechtzeitigen Hinweisen **vor** Ausführung.

Ein Planer bzw. Entwurfsarchitekt muss auch die Fertigungstechnik von Betonfertigteilen kennen. Das heißt, er muss wissen, dass es bei Betonfertigteilen, die „über Eck" geplant werden, im „2. Betonierabschnitt" verstärkt zu Lunker/Farbabweichungen kommen kann.

Abb. 4.13–1   Fensterbrüstungen: Betonfertigteile

Abb. 4.13–2   Ecke gespachtelt: Farbabweichung

Abb. 4.13–3
Gebäudeecke: unterschiedliche
Oberfläche

Abb. 4.13–4
Gebäudeecke: unterschiedliche
Oberfläche

Begründung:

Die Gebäudeecke wird im 2. Betonierabschnitt „frisch in frisch" aufgebracht, kann jedoch nicht wie üblich stark verdichtet ausgeführt werden, da ansonsten der Beton auf der „Füllseite" herausgedrückt wird.

Folge:

Die Ecke weist u. a. aufgrund des glatten, nicht vollständig verdichteten Bauteils eine erhöhte Lunkeranzahl auf. Sollen diese beseitigt werden, muss die Fläche gespachtelt werden.

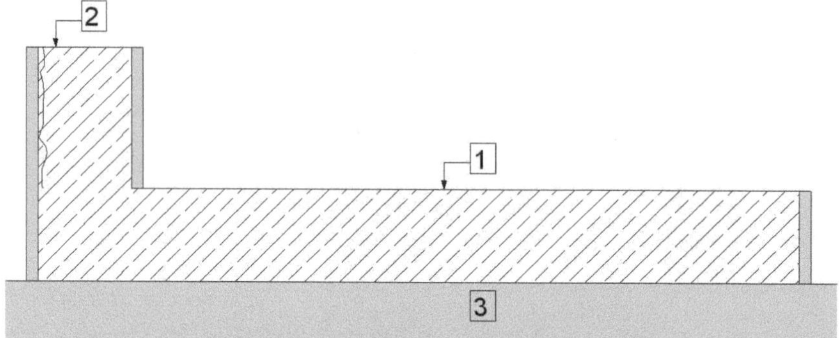

Füllseite: Im 1. Arbeitsschritt wird der Beton eingefüllt und verdichtet.

Füllseite: Im 2. Arbeitsschritt wird der Beton der Aufkantung eingefüllt und nicht stark verdichtet, da sonst der frische „obere" Beton den „unteren" Beton herausdrücken würde.

Abb. 4.13–5   Schnitt durch den Schaltisch/Fertigung der Außenwandecke

Vorbeugung

Betonfertigteile für Gebäudeecken, die gem. o. g. Skizze (Schaltisch) gefertigt werden, weisen fertigungstechnisch selten die gleiche Oberflächenbeschaffenheit auf. Soll dies vermieden werden, ist eine andere Fertigung d. h. „stehend" zu planen. Dies muss schriftlich vereinbart werden, da mit Mehrkosten zu rechnen ist.

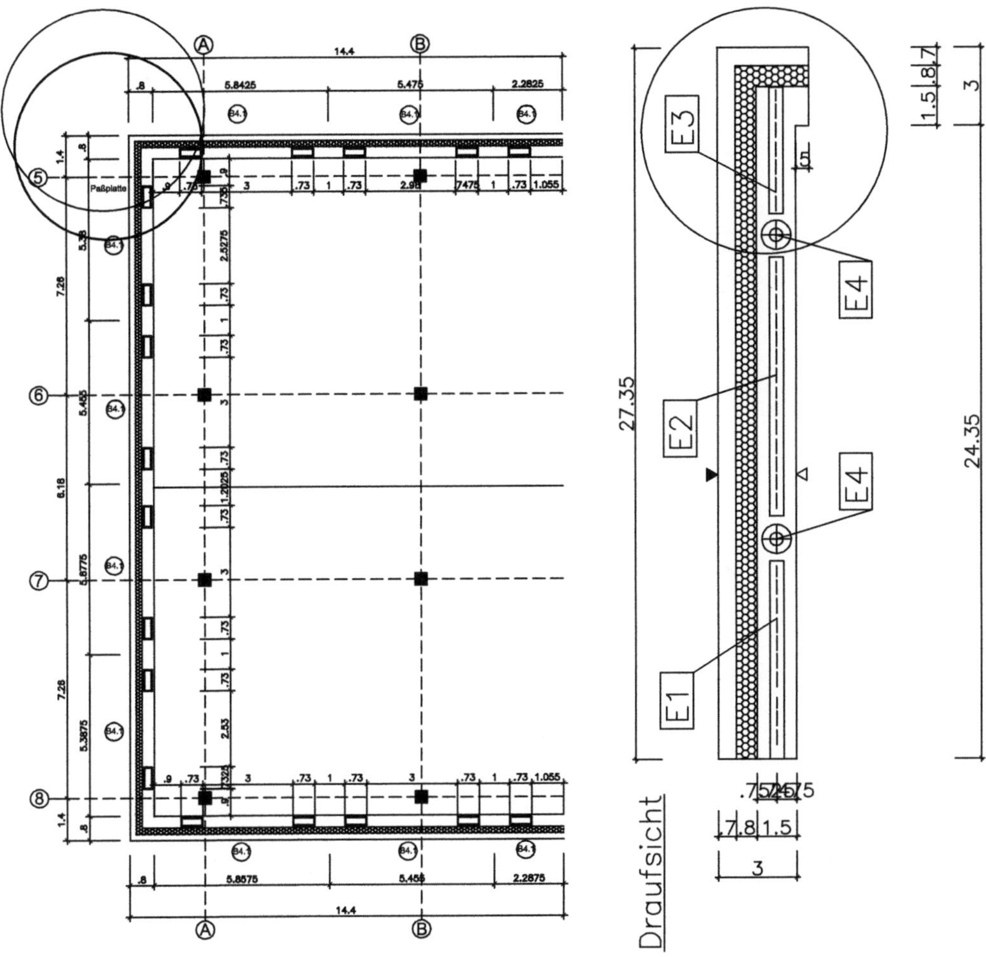

Abb. 4.13–6   Gebäudegrundriss   **Abb. 4.13–7**   Detail – Gebäudeecke

4.14 Wandplatten – Verformungen

Erscheinungsbild

Eine Neubau-Fassade wies starke optische Beanstandungen auf, d. h., die Z-förmigen
Betonfertigteile wiesen starke konkave Verwölbungen auf, d. h., die Elemente ragten
teilweise bis zu 3 cm aus der Fassadenebene hervor: Abb. 4.14–2

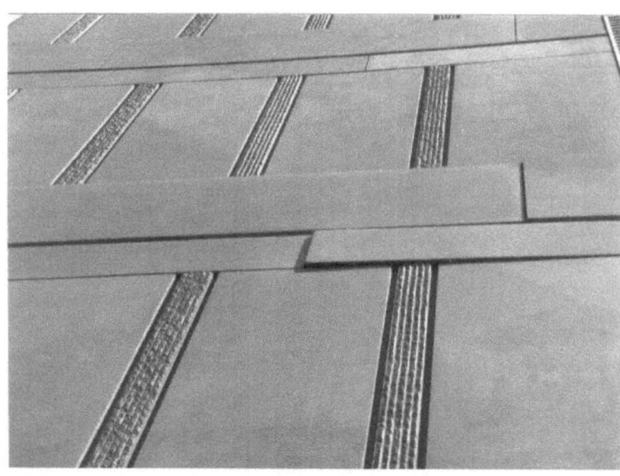

Abb. 4.14–1
Sichtbeton-Fertigteile

Abb. 4.14–2
Aufwölbung bis zu 3 cm

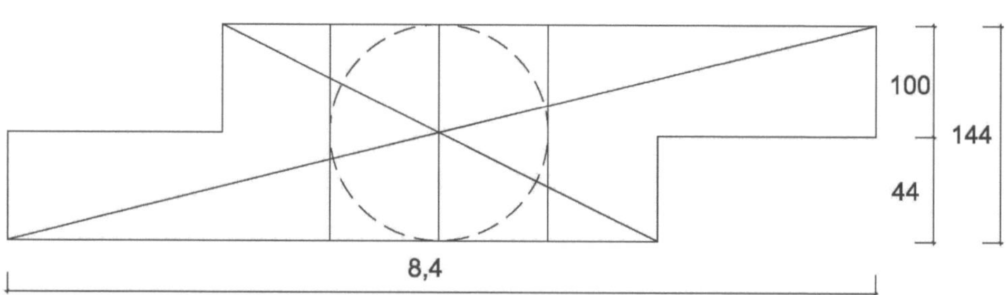

Abb. 4.14–3   Sichtbeton-Fertigteil 8,4 m x 1,44 m

Der Wandaufbau bestand aus:

- Sichtbeton-Fertigteilen „Vorhangfassade"
- Luftschicht
- Wärmedämmung
- Tragende Betonwände, siehe Abb. 4.14–4 Wandaufbau

Gutachterliche Einstufung

Jedes Material „schwindet", u. a. auch Beton, durch Volumenverminderung des Zementsteins infolge Austrocknung.

Das Austrocknen bewirkt ein Feuchtegefälle und unterschiedliche Schwindverkürzungen über den Querschnitt des Bauteils. Das Schwinden der Randzone wird durch den geringer bzw. nicht schwindenden Kern des Bauteils behindert, sodass sich dort Zugspannungen aufbauen, die bei Behinderung und Überschreitung der Zugfestigkeit zu Rissen, den sog. Schwindrissen, führen.

Abb. 4.14–4   Wandaufbau

Der „ideale" Grundriss für das Schwindverhalten wäre der „Kreis", da sich alle Enden gleichmäßig zum Kreismittelpunkt bewegen. Da dieser Grundriss in der Praxis so gut wie nie vorkommt, gibt es die bekannten Forderungen an einen „gedrungenen", weitgehend quadratischen Grundriss (besser: Achteck).

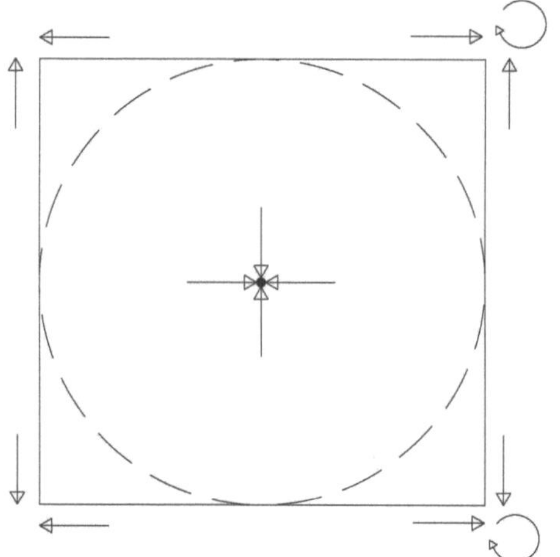

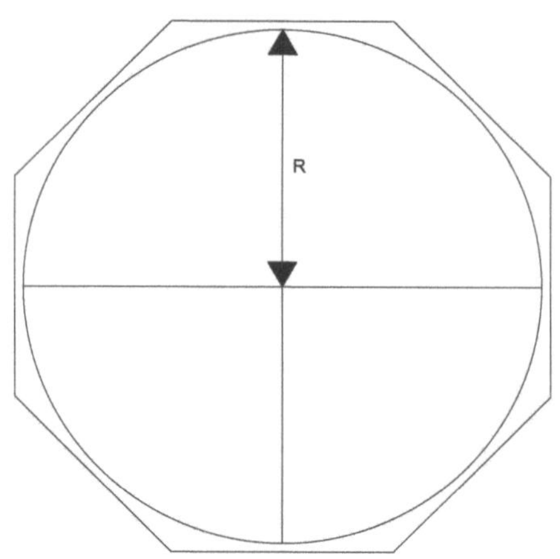

Abb. 4.14–5 Bei quadratischen Platten weist die Krümmung stets in eine Richtung – parallel zu einer Seitenkante der Platte.

Abb. 4.14–6   Kreis (Achteck)

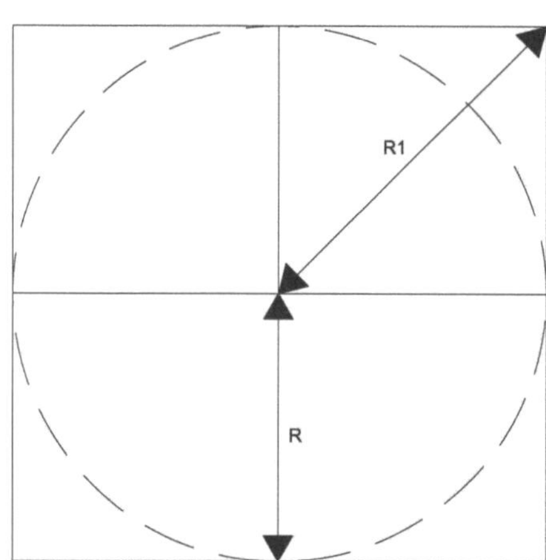

Abb. 4.14–7
Quadrat R1 > R

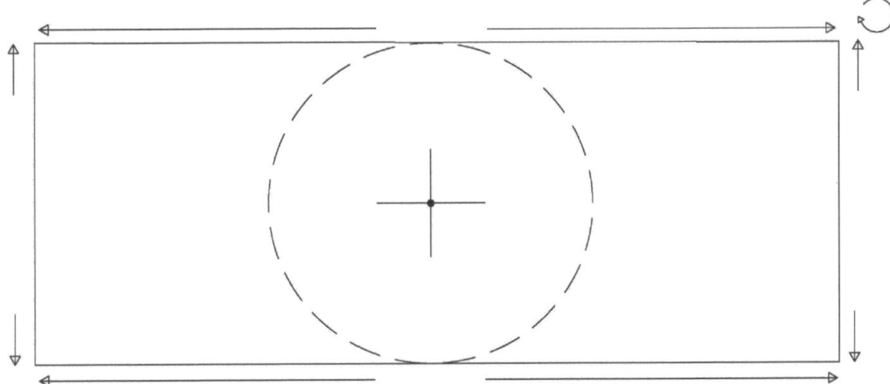

Abb. 4.14–8 Bei Rechteckplatten weist die Krümmung stets in Richtung der längeren Seitenkante. Es sei denn, durch konstruktive Maßnahmen ist eine Verkrümmung in diese Richtung verhindert.

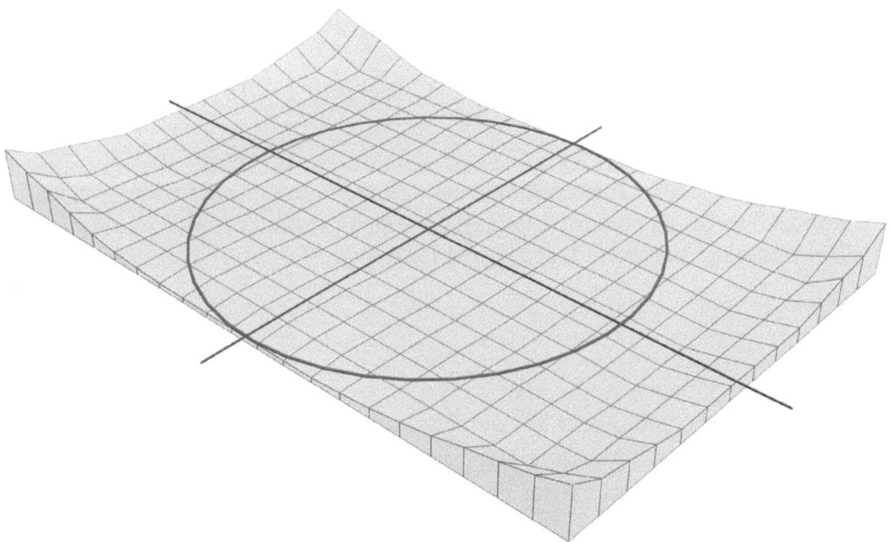

Abb. 4.14–9 Extrem ungünstig ist das Schwindverhalten vom Seitenverhältnis > 2 : 1.

Die o. g. Fassadenplatte (Abb. 4.14–3) weist ein Seitenverhältnis 8/1,45 = 5,5 auf, d. h. >> 2 :1.

In diesem Fall erfolgt die Verkrümmung quer zu der erstgenannten Richtung. Diese Regelmäßigkeit der Krümmungsrichtung lässt sich durch das Gesetz von Minimum der Verformungsart erklären.

Auch in der Fertigteilindustrie sind das Schwinden und die daraus resultierenden Folgen bekannt.

Bei Sandwichplatten werden daher die Ecken durch Nadeln (Halteanker) gehalten, damit eine Verwölbung vermieden wird.

Im Plattenschwerpunkt übernehmen ein bzw. zwei Traganker die Eigenlast der Vorsatzschale. Zwangsbeanspruchungen sind von den Nadeln aufzunehmen. Die daraus ungünstigen Spannungen sind ebenfalls zu berücksichtigen.

+ Traganker   x Halteanker

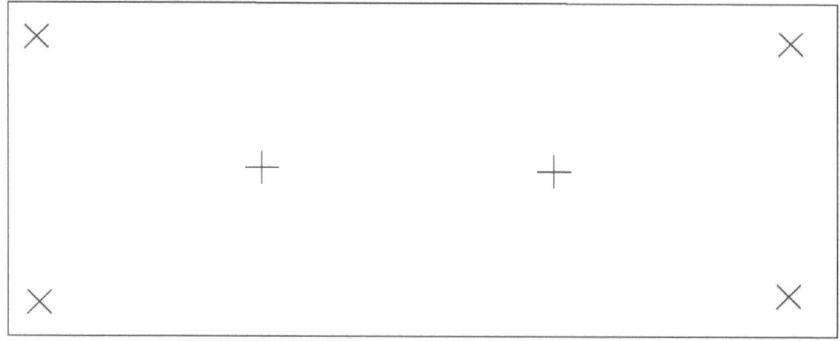

Abb. 4.14–10 Zur Aufnahme von Torsionsmomenten infolge von Exzentrizitäten (von lat. *ex centro* Abweichung vom Mittelpunkt) der Eigenlastresultierenden wird mind. ein Torsionsanker (bei einem Traganker) erforderlich.

Vorbeugung

Ein toller Entwurf ist das „eine", aber bei der Planung haben die bautechnischen und bauchemischen Anforderungen Vorrang vor gestalterischen Aspekten. Hier muss der beratende Ingenieur hilfreich dem Planer zur Seite stehen.

4.15 Hauseingangs Vordach – Strukturabweichungen

Erscheinungsbild

Das Vordach wurde als Beton-Fertigteil hergestellt.

Beanstandet wurde:

„Die Untersichten der Vordächer über den Hauseingängen erfüllen nicht die Anforderungen an eine Sichtbetonqualität, die mit „Sichtbeton in glattem Sichtbeton" bezeichnet ist."

Abb. 4.15–1
Fassaden-Vordach

Abb. 4.15–2
Platten-Unterseite: **Ansicht**

Gutachterliche Einstufung

NEIN, Begründung:

Die Untersichten sind – im technischen Sinn – **nicht** uneben, farblich uneinheitlich und fleckig. Die vorhandenen „Unebenheiten" liegen im Rahmen der zulässigen Maßtoleranzen. Die Beanstandungen haben ihre Ursache in der Herstellungsart der Beton-Fertigteile.

Als Planer muss man den Herstellungsprozess der Beton-Fertigteile im Anforderungsprofil „Sichtbeton" berücksichtigen!

Das heißt, man muss wissen und vorgeben, welche Seite des Beton-Fertigteils eingeschalt wird (Ergebnis: z. B. schalungsglatt) und welche Seite des Beton-Fertigteils die sog. „Füllseite" ist (Ergebnis: „glatt", von Hand gerieben).

Die „Füllseite" wird demzufolge nie vergleichbar glatt sein, wie die eingeschalte Seite. Mit ihren zulässigen Maßtoleranzen wird sie, je nach Lichteinfall, „farblich uneinheitlich und fleckig" erscheinen, was keinen Ausführungsfehler darstellt.

Als Planer hat man die Möglichkeit, nicht die Deckenunterseite, sondern die Deckendraufsicht als „Füllseite" auszuwählen unter der Berücksichtigung, dass dann u. a. die Attika-Oberseiten die „Füllseiten" sind und nicht schalungsglatt sind. (Vor- und Nachteile?)

Abb. 4.15–3
Platten-Oberseite: Draufsicht

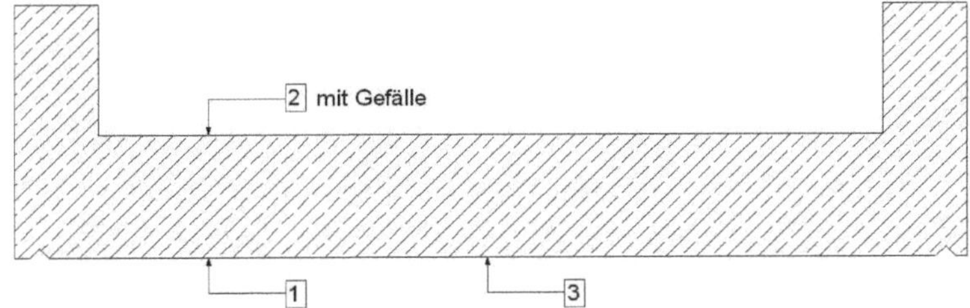

Abb. 4.15–4   Betonfertigteil (Vordach) gewendet: Deckenuntersicht (ehemalige Füllseite)

Abb. 4.15–5   „Füllseite" oben/Schalung für das Vordach so genannte „Negativ-Schalung"

Vorbeugung

Der Planer muss „vordenken", wo die „Schokoladenseite" sein soll, d. h. i. d. R. die sichtbare Unterseite.

5 Betoninstandsetzung

5.1 Farbabweichungen an der Fassade

Erscheinungsbild

An einem repräsentativen Hochhaus der 70er Jahre wurden u. a. Betoninstandsetzungsarbeiten erforderlich aufgrund diverser Korrosionsschäden. Nach dem Abrüsten kam ein „Aufschrei" der WEG aufgrund der von weitem sichtbaren „Verungestaltung".

Abb. 5.1–1   sichtbarer Beton

Abb. 5.1–2
von Weitem sichtbare Betoninstandsetzung

Abb. 5.1–3
Sieht so „Betoninstandsetzung" am
Sichtbeton aus?

Gutachterliche Einstufung

Die Arbeiten entsprechen nicht der Erwartungshaltung des Auftraggebers. Bedauerlicherweise hatte er „aus Kostengründen" die erforderliche Planung der ausführenden Firma überlasen.

Instandsetzungsarbeiten am sichtbaren Beton „Sichtbeton" müssen nicht nur den technischen Richtlinien entsprechen, u. a. DIN 18 349 [1.12], sondern auch der Optik!

An einer Musterfläche ist die Instandsetzung in technischer und optischer Hinsicht darzustellen, die von den Baubeteiligten (AG + AN) die Grundlage bildet für die weiteren Arbeiten am Sichtbeton.

Vorbeugung

Damit die Instandsetzungsleistung frei von Sachmängeln ist und der vereinbarten Beschaffenheit entspricht ist, ein sachkundiger Planer zu beauftragen mit der Planung und Leistungsbeschreibung u. a.:

- IST-Zustandserfassung/Bestandsaufnahme

- Instandsetzungskonzept

- Instandhaltungsplanung

Ausführliche Hinweise gibt die:

DAfStb-Richtlinie für Schutz und Instandsetzung von Betonbauteilen [2.3]

Bei einer Betoninstandsetzung von „sichtbarem Beton" (Sichtbeton) sowie den Schutz und die Betoninstandsetzungsarbeiten ist ein „Know-how" erforderlich.

Nicht jedes Unternehmen verfügt über die erforderlichen Fachkenntnisse. Empfehlungen gibt u. a. die „Gütegemeinschaft Betoninstandsetzung".

5.2 Balkonbrüstung: Winkel- bzw. Ebenheitstoleranzen

Erscheinungsbild

Gerade Balkonbrüstungen aus den 60 - 70er Jahren wurden aus der Sicht des Planers mit sehr dünnen Querschnitten hergestellt. Aufgrund geringer bzw. stellenweise keiner Betondeckung, fehlender Balkonfußbodenabdichtung oder fehlender Abdeckbleche im Brüstungsbereich neigen diese Bauteile stark zu Korrosionsschäden.

An der nunmehr erforderlichen Betoninstandsetzung werden teilweise höhere Anforderungen an die Oberflächen-Optik gestellt, als zum Zeitpunkt der Errichtung.

Am folgenden Beispiel ergeben drei nebeneinanderliegende Brüstungsabschnitte mit je 3,0 + 4,0 + 3,0 m Länge im Gesamten eine Wohneinheit.

Die Oberseite der Brüstung sowie die Flächen im Allgemeinen sollten stellenweise reprofiliert werden, d. h., Fehlstellen sind zu ergänzen.

Im LV wurde die Leistung beschrieben: *„Egalisieren durch scharfes Abziehen der Flächen und schließen der Lunker; Beschichten zum Erzielen einer gleichmäßigen homogenen Oberfläche, Anfasen der Bauteilkanten zur Erzielung einer Sichtbeton-Optik."*

Die Balkonfelder wiesen teilweise unterschiedliche Brüstungshöhen von einigen Millimetern auf. Der Wunsch der Eigentümer war es, eine einheitliche, gleichmäßige Brüstungshöhe, d.h. ohne Ansätze und Versprünge, zu schaffen.

Bei den Baubeteiligten bestand eine unterschiedliche Auffassung u. a. darüber, ob es erforderlich ist, die Balkonbrüstung-Oberseite mit einem durchgängigen Betonersatz bis zu 20 mm aufzufüllen.

Gutachterliche Einstufung

Die DIN 18 349 Abs. 3.1.2 [1.12], nimmt Bezug auf die DIN 18 202 [1.8].

Die DIN 18 202 „Maßtoleranzen im Hochbau" [1.8] ist allein verbindlich für die Niveaudifferenzen und setzt voraus, dass eine zweifelsfreie Leistungsbeschreibung zugrunde liegt.

Die DIN 18 202 [1.8] unterscheidet zwischen Winkeltoleranzen und Ebenheitstoleranzen.

Wenn der Anfangspunkt (Beginn des 1. Balkonfeldes) und der Endpunkt (Ende des 3. Balkonfeldes) auf **einer** Höhe liegen sollen, sind die evtl. Höhenunterschiede mit den Maßtoleranzen zu überprüfen.

Das heißt, bei einer Balkonlänge von bis zu 10 m ist das zulässige Stichmaß 16 mm.

Dies bedeutet jedoch auch, dass innerhalb dieser 10 m Ebenheitstoleranzen zulässig sind.

Damit die **Ebenheit** zweifelsfrei definiert wird, ist der Hinweis im LV erforderlich, entweder die jeweilige Genauigkeitsklasse in Form der Zeilenangabe oder unter Angabe der Nachfolgegewerksforderung, also z. B. „streichfähig".

Eine eindeutige Aussage bzgl. der geforderten und praktisch ausführbaren Ebenflächigkeit ist erforderlich.

Zusätzlich ist zu berücksichtigen, dass bei Einschalungen (in Teilstücken, d. h. nicht durchlaufend) Versprünge bzw. Absätze innerhalb der Schalungshaut–Stoßbereiche nicht auszuschließen sind, da diese gemäß den einschlägigen Platten-Normen, u. a. DIN 68 762 [1.14], DIN 68 791 [1.15], DIN 68 792 [1.16], materialbedingterweise infolge Feuchtigkeitsaufnahme bzw. -abgabe unvermeidlich sind.

Wenn in der Anmerkung der DIN 18 202 [1.8] darauf hingewiesen wird, dass, wie es wörtlich heißt: *„Bei flächenfertigen Wänden, ... Sprünge und Absätze vermieden werden sollen"*, so ist davon auszugehen, dass, wie es im letzten Absatz lautet, *„die bei Baustoffen für die Ebenheit zulässigen Maßabweichungen in den Ebenheitstoleranzen nicht enthalten und daher zusätzlich zu berücksichtigen sind"*, d. h., dass z. B. zulässige Maßtoleranzen von Holzwerkstoff - Hautplatten lt. DIN 68 791 [1.15] bzw. 68 792 [1.16] in ihrem Dimensionsauswirkungen praktisch anzuerkennen sind.

Sofern Niveaudifferenzen über praxisbezogene Forderungen des LV oder Normauflagen hinausgehen, sind Ausgleichmaßnahmen, also Abschleifen bzw. Verspachteln, vorzunehmen.

Diese Spachtelarbeiten sind selbstverständlich entsprechend zu vergüten.

Um dem vorzubeugen, ist eine konstruktive Abstimmung, ein ausgerichtetes Nivellement und eine weitestgehend durchlaufende Platte erforderlich, um damit witterungsbedingten, zusätzlichen „Bewegungen" Rechnung zu tragen, unter Beachtung bündiger Anschlussflächen und niveaugleicher Schalungsplatten.

Beseitigung

Der Betonuntergrund kann so „wellig" bzw. die „Vertiefungen" können so groß sein, dass eine dünne Spachtelung allein **nicht** ausreicht.

Eine Auffütterung des Untergrundes o. ä. vor den eigentlichen Spachtelarbeiten ist daher häufig Voraussetzung und führt in der Regel zum Nachtrag, der mit einem „Streit" endet.

Bei einer 10 m langen Betonbrüstung ist eine Winkeltoleranz bis zu 16 mm zulässig. Wünscht der AG geringere Abweichungen, ist dies im LV deutlich darzustellen.

Ein durchgängiger Betonauftrag mit erhöhten Maßanforderungen ist erforderlich.

Vorbeugung

Wenn hohe Anforderungen an die Maßhaltigkeit der Oberfläche bzw. Kanten gestellt werden, muss eine genaue Millimeterangabe gemacht werden, auch wenn die gewünschten Anforderungen höher liegen, als die Maßtoleranzen es zulassen.

Bei allen Wunschvorstellungen darf nicht vergessen werden, dass Spachtelarbeiten „Handwerker- und keine Uhrmacherarbeiten" sind. Ggf. muss die Fläche eingeschalt und mit einem Betonersatzsystem vergossen werden.

Bei anspruchsvollem Sichtbeton – auch für die Betoninstandsetzung – bedarf es zweckmäßigerweise einer dem Objekt entsprechend, d. h. unter gleichen Bedingungen erstellten Musterfläche. Diese ist im LV zu vereinbaren und entsprechend zu vergüten.

Bezeichnungen, wie „Sichtbeton - Optik" usw., sind ohne zusätzliche Erläuterungen als Qualitätshinweis unzureichend.

6 Betonkosmetik, Betonretusche, Betonlasur

Erscheinungsbild

Aus den unterschiedlichsten Gründen (Witterung, Planung, Handwerker usw.) wird das Ergebnis des erhofften „Sichtbetons" nicht immer erreicht.

Abb. 6–1   vor der Kosmetik

Abb. 6–2   nach der Kosmetik

Abb. 6–3   neuer Berufszweig: Betonkosmetiker

Abb. 6–4   Betonausbesserung am Fertigteil

Gutachterliche Einstufung

Die Sichtbeton-Anforderungen und die Erwartungshaltung an den Sichtbeton sind immer sehr hoch, insbesondere bei repräsentativen Gebäuden mit Anforderungen an die Sichtbetonklasse SB4 ist Sichtbetonkosmetik nicht mehr wegzudenken.

Am häufigsten wird über den Farbton (früher „Grauton") des Sichtbetons gestritten. Erfahrende Sichtbetonplaner berücksichtigen bereits in der Planung/Ausschreibung die Betonkosmetik.

Dabei wird unterschieden zwischen:

- Betonkosmetik

  Korrektur der Betonfehlstellen (z. B. Porenbildung, Kiesnester, Abplatzungen) unter Einsatz von Spezial-Spachtelmassen

- Betonretusche

  Beseitigung von Farbunterschieden (z. B. Wolkenbildung, Marmorierungen, Schüttlagen) durch farbige Pigmente/Matrix

- Farblasur

  Angleichung des Farbtons oder eigener Farbton durch mineralische Farblasur unter Beibehaltung des Sichtbetoncharakters

Abb. 6–5   Schüttlage: Mit Fehlern „leben"   **Abb. 6–6**   Farblasur

Abb. 6–7   Abzeichnung der Bewehrung

Abb. 6–8   Musterfläche: Farblasur

7 Sichtbeton – Bewertung, Haftung

Der Begriff „Sichtbeton" bzw. „Sichtbeton – Optik" ist nicht genormt, sodass alles was

    a)   man nicht messen, wiegen kann,

    b)   nicht in einer DIN-Vorschrift steht,

    c)   nicht „eindeutig und erschöpfend" zwischen AG/AN vereinbart wurde,

subjektiv beurteilt werden muss.

Jede Ansichtsfläche ist hinsichtlich des Aussehens ein Unikat aufgrund

    1)   zulässiger Maßtoleranzen

    2)   Witterungsbedingungen usw.

Die Herangehensweise einer „Bewertung von Sichtflächen" sowie Hinweise zum Sichtbeton – „Mängel und Haftung aus rechtlicher Sicht" wird ausführlich in *„Handbuch Sichtbeton"* [3.3] beschrieben.

8 Sichtbetonklassen

Die Kriterien der einzelnen Sichtbetonklassen wurden in jeweils einer Tabelle zusammengefasst, sodass eine bessere Übersicht entsteht. Nachfolgend ein Auszug aus dem *„Handbuch Sichtbeton"* [3.3]:

Tabelle 8–1: Sichtbetonklassen – nach DBV-Merkblatt *„Sichtbeton"* Tab. 1, Ausgabe 2004 [2.1.1]

SB-Klasse	Beispiel		Kosten
SB1	Geringe gestalterische Anforderungen, z. B. Kellerbereiche oder Bereiche mit vorwiegend gewerblicher Nutzung		niedrig
SB2	Normale gestalterische Anforderungen, z. B. Treppenhausbereiche bzw. Nebenräume, Abstellräume		mittel
SB3	Hohe gestalterische Anforderungen, z. B. Fassaden im Hochbau bzw. Wohnräume, insbesondere Wohnzimmer		hoch
SB4	Besonders hohe gestalterische Anforderungen, z. B. repräsentative Bauteile im Hochbau		sehr hoch

SB = Sichtbeton

Eine flexible Bauteil- bzw. Raumbewertung soll erhalten bleiben, so weist üblicherweise ein normaler Kellerraum eine geringere Wertigkeit auf als ein Wohnraum bzw. eine Hotel-Eingangshalle.

Hinweis:

Eine Gewichtung der Sichtbetonklasse sowie die Sichtbetonklassen SB 1, SB2 + SB4 (nach DBV-Merkblatt „Sichtbeton" Tab. 2, Ausgabe 2004) ist zu entnehmen:

„Sichtbeton-Handbuch" [3.3]

Tabelle 8–2:   Sichtbetonklasse SB3 - nach DBV-Merkblatt *„Sichtbeton"* Tab. 2, [2.1.1]

	Kriterium		SB3: Anforderungen / Eigenschaft	
1.	T2:	Texturen, Schalelementstoß		
1.1			– geschlossene und weitgehend einheitliche Betonfläche	
1.2			– In den Schalelementstößen ausgetretener Zementleim/Feinmörtel Breite bis ca. 10 mm und Tiefe ca. 5 mm	zulässig
1.3			– Versatz der Elementstöße bis ca. 5 mm	zulässig
1.4			– Höhe verbleibender Grate bis ca. 5 mm	zulässig
1.5			– Rahmenabdruck des Schalelements	zugelassen
2		Porigkeit		
2.1	P3:		– saugende Schalhaut: max. Porenanteil in mm²	ca. 1.500
2.2	P2:		– nicht saugende Schalhaut: max. Porenanteil in mm²	ca. 2.250
3.	FT2:	Farbtongleichmäßigkeit		
3.1			– gleichmäßige, großflächige Hell-/ Dunkelverfärbungen (*)	zulässig
3.2			– unterschiedliche Arten und Vorbehandlung der Schalhaut sowie Ausgangsstoffe verschiedener Art und Herkunft	unzulässig

	Kriterium		SB3: Anforderungen / Eigenschaft	
4.	E2:	Ebenheit	– Ebenheitsanforderung nach DIN 18 202, Tabelle 3, Zeile 6: (Flächenfertige Wände und Decken: 5 mm/1 m)	siehe Hinweis Kap. 3.1.4
5.	AF3:	Arbeits- und Schalhautfugen		
5.1			– Versatz der Flächen zwischen zwei Betonierabschnitten bis ca. 5 mm	zulässig
5.2			– Feinmörtelaustritt auf dem vorhergehenden Betonierabschnitt muss rechtzeitig	entfernt werden
5.3			– Trapezleiste o. ä.	empfohlen
6		Erprobungsfläche		dringend empfohlen
7..	SHK2:	Schalhautklassen		
7.1			– Kratzer als Reparaturstellen	zulässig
7.2			– Betonreste	nicht zulässig
7.3			– Zementschleier	zulässig
7.4			– Ripplings (Aufquellen der Schalhaut)	nicht zulässig
7.5			– Reparaturstellen	zulässig
7.6			– Bohrlöcher als Reparaturstellen	zulässig
7.7			– Nagel- und Schraublöcher – ohne Absplitterung	zulässig
7.8			– Beschädigungen der Schalhaut durch Innenrüttler	nicht zulässig

(*) „gleichmäßig" siehe Lexikon, „*Handbuch Sichtbeton*", Kapitel 8.

Widerspruch „Farbtongleichmäßigkeit" (vergl. Merkblatt, Abs. 5.1.2):

„Gleichmäßiger Farbton aller Ansichtsflächen – techn. nicht zielsicher herstellbare Anforderungen"

Die Zusammenstellung der weiteren Sichtbetonklassen SB1, SB2, und SB4 sind dem *„Handbuch Sichtbeton"* [3.3] zu entnehmen.

Tabelle 8–3: Sichtbetonklasse SB 3 – Anforderungen an die Ausführung

Anforderungen		Siehe Anhang „A" im DBV-Merkblatt Sichtbeton	
T2:	Texturen, Schalelementstoß	Wie Klasse T1, zusätzlich:	
		– gleiche Art und Vorbehandlung der Schalhaut	sicherstellen
		– Sauberkeit der Schalung und dünner, gleichmäßiger Trennmittelauftrag	sicherstellen
		– Wechsel der Betonzusammensetzung bzw. der Betonausgangsstoffe	ausschließen
		– Schalungssystem mit geringen Fertigungstoleranzen	wählen
		– bei Trägerschalung ggf. Befestigung der Platten von Rückseite	vereinbaren
		– Abdichtung der Schalhautstöße	vereinbaren
		– Schalungseinlagen	vereinbaren
		– Schalungsanker möglichst fest anziehen	
		– fachgerechte Lagerung der Schalung	vorsehen
		– möglichst gleich alte Schalhautplatten	verwenden
		– Erprobungsfläche	empfohlen
P3:	Porigkeit	Wie Klasse P2, zusätzlich:	
		– besondere Sorgfalt beim Betonieren von unterschnittenen Schalungen, Deckenschalungen, horizontalen Kanten von Leisten und Einbauteilen	erforderlich
		– Wechsel der Betonzusammensetzung bzw. der Betonausgangsstoffe	ausschließen
		– Verwendung von Restwasser und Restbeton	ausschließen
		– Nachverdichtung der obersten Betonierlage	
		– mindestens 2 Erprobungsflächen	vorsehen

Anforderungen		Siehe Anhang „A" im DBV-Merkblatt Sichtbeton	
FT2:	Farbtongleichmäßigkeit	Wie Klasse FT1, zusätzlich:	
		– Betonsorte, Trennmittel und Schalhaut aufeinander	abstimmen
		– gleiche Art und Vorbehandlung der Schalhaut	sicherstellen
		– Sauberkeit der Schalung und dünner, gleichmäßiger Trennmittelauftrag	sicherstellen
		– Wechsel der Betonzusammensetzung bzw. der Betonausgangsstoffe	ausschließen
		– Verwendung von Restwasser und Restbeton	ausschließen
		– Mischdauer je Charge mindestens 60 Sekunden	
		– Lieferung für zusammenhängende Bauteile jeweils aus einer Produktionsstätte	(Lieferwerk)
		– ggf. mehrere Erprobungsflächen	vorsehen
E2:	Ebenheit	Wie Klasse E1, jedoch zusätzlich:	
		– Ebenheitsanforderungen nach DIN 18 202 Tab. 3 Zeile 6	vereinbaren
		– höhere Anforderungen an die Ebenflächigkeit sind im Vertrag als Leistungsoption zu	berücksichtigen
		– Sorgfältige Lagerung der Schalhaut	erforderlich
		– Besondere Regelungen für gekrümmte Schalungen und Sonderausführungen	treffen
		– u. U. begrenzte Einsatzzahl der Schalung	berücksichtigen
		– sorgfältige Reinigung der Schalung	erforderlich
		– Fertigungstoleranzen des zum Einsatz kommenden Schalungssystems	berücksichtigen
AF3:	Arbeits- und Schalhautfugen	Wie Klasse AF2, zusätzlich:	
		– Schalungssystem mit geringen Fertigungstoleranzen	wählen
		– mindestens 2 Erprobungsflächen	vorsehen

9 SCHLUSSWORT

„Enttäuschung ist das Ergebnis falscher Erwartungen."

Meinungen zum Thema „Sichtbeton":

<u>Hemma Fasch, Wien:</u>

„Unregelmäßigkeiten eliminieren?

Man könnte – aber man würde den Sichtbeton für immer die Materialbeschaffenheit nehmen und gegen eine Oberfläche mit banaler, ermüdend langweiliger Gleichmäßigkeit tauschen."

<u>Michael Grobbauer, Architekt:</u>

„… obwohl gerade nicht eine gleichmäßig gefärbte (Sichtbeton-) Fassade das Ziel der Gestaltung ist."

<u>Architekt PRIX:</u>

Teilweise subjektives Empfinden, z. B.

*„Ein **gleichmäßig** beleuchteter Raum ist nicht nur langweilig, er stresst."*

Auch andere Architekten finden eine **gleichmäßige** Farbtönung als langweilig und wünschen gerade eine „lebendige Wolkenbildung" (d. h. hell-dunkel) beim Sichtbeton.

<u>Raimund, Probst, Architekt:</u> (1960)

Sichtbeton – eine Modetorheit?

„… dass ein technisch einwandfreies und wirtschaftliches Detail überhaupt entwickelt war, was bei Sichtbetonbauten ohnehin sehr selten ist."

[Anmerkung: Daran hat sich auch in 50 Jahren nichts geändert!]

<u>Schmidt-Morsbach (1972)</u>

„Jede Betonfläche ist das Spiegelbild ihrer Schalung. Die Schalung bestimmt weitgehend den funktionellen und gestalterischen Wert der Oberfläche des Betons und für den Sichtbeton den des gesamten Bauwerkes."

*„Demzufolge ergibt sich die Erkenntnis der objektbezogenen Notwendigkeit, dass die Leistungsbeschreibung eben diese vertraglich zugesicherten Eigenschaften eindeutig erkennen lassen **muss** und widrigenfalls der Auftragnehmer solange „fachliche Bedenken" anzumelden hat, bis ausführungstechnische Klarheit besteht."*

[Anmerkung: Daran hat sich auch in fast 40 Jahren nichts geändert!]

Ich hoffe, die in diesem Buch gegebenen Informationen haben Ihnen geholfen.
Über Anregungen würde ich mich freuen.

Sichtbeton = Sich betonen in Form, Konstruktion und Originalität

Joachim Schulz

E-mail: info@sichtbeton-mängel.de

www.sichtbeton-mängel.de

10 Literatur

10.1 DIN-Vorschriften

[1.1]   DIN EN 206-1: 2001-07 „Beton - Festlegung, Eigenschaften, Herstellung"

[1.2]   DIN 820-2:2000-01 „Normungsarbeit Teil 2: Gestaltung von Normen"

[1.3]   DIN 1045 „Tragwerke aus Beton, Stahlbeton und Spannbeton"

[1.3.1]   DIN 1045–1: 2008–08 Teil 1: Bemessung und Konstruktion

[1.3.2]   DIN 1045–2: 2008–08 Teil 2: Beton, Festlegung, Eigenschaften, Herstellung und Konformität

[1.3.3]   DIN 1045–3: 2001–07 Teil 3: Bauausführung

[1.3.4]   DIN 1045–4: 2001–07 Teil 4: Ergänzende Regeln für die Herstellung und die Konformität von Fertigteilen

[1.4]   DIN 1356-1: 1995-02 „Bauzeichnungen Teil 1: Inhalte und Grundlagen der Darstellung"

[1.5]   DIN 1960: 2006-05 „VOB/A - Allgemeine Bestimmungen für die Vergabe von Bauleistungen"

[1.6]   DIN 1961: 2006-10 „VOB/B - Allgemeine Vertragsbedingungen für die Ausführung von Bauleistungen"

[1.7]   DIN 4235-4: 1978-12 „Verdichten von Beton durch Rütteln; Verdichten von Ortbeton mit Schalungsrüttlern"

[1.8]   DIN 18 202: 2005-10 „Toleranzen im Hochbau – Bauwerke"

[1.9]   DIN 18 216: 1986-12 „Schalungsanker für Betonschalungen"

[1.10]   DIN 18 217: 1981-12 „Betonflächen und Schalungshaut"

[1.11]   DIN 18 331: 2010-04 „Betonarbeiten"

[1.12]   DIN 18 349: 2010-04 „Betonerhaltungsarbeiten"

[1.13]   DIN 18 366: 2010-04 „Tapezierarbeiten"

[1.14]   DIN 68 762: 1982-03 „Spanplatten für Sonderzwecke im Bauwesen"

[1.15]   DIN 68 791: 1979-03 „Großflächen-Schalungsplatten aus Stab- oder Stäbchensperrholz für Beton und Stahlbeton"

[1.16]   DIN 68 792: 1979-03 „Großflächen-Schalungsplatten aus Furnierholz für Beton und Stahlbeton"

[1.17]   ÖNORM B2211: 2009-06 - Österreichische Norm „Beton-, Stahlbeton- und Spannbetonarbeiten"

[1.18]   SIA 262:2004 - Schweizer Norm „Allgemeine Bedingungen für Betonbau"

10.2 Richtlinien, Merkblätter

[2.1]   DBV- Merkblätter:

[2.1.1]   „Sichtbeton", 08/2004

[2.1.2]   „Begrenzung der Rissbildung im Stahlbeton- u. Spannbetonbau", 01/2006

[2.1.3]   „Betondeckung und Bewehrung", 07/2002

[2.1.4]   „Nicht geschalte Betonoberfläche", 08/1996

[2.1.5]   „Betonschalungen und Ausschalfristen", 09/2006

[2.1.6]   „Abstandhalter", 07/2002

[2.2]   Fachvereinigung Deutscher Betonfertigteilbau – Merkblätter:

[2.2.1]   "Sichtbetonflächen von Fertigteilen aus Beton und Stahlbeton", 06/2005

[2.2.2]   „Betonfertigteile aus Architekturbeton" 01/2009

[2.3]   DAfStb-Richtlinie „Schutz und Instandsetzung von Bauteilen", 10/2001

[2.4]   „Empfehlung zur Planung, Ausschreibung und zum Einsatz von Schalungs-
            systemen", GSV-Publikation

[2.5]   VÖB-Merkblatt (Verband Österreichischer Beton-und Fertigteilwerke)
            „Richtlinie Sichtbeton für Fertigteile aus Beton, Stahlbeton"

[2.6]   ÖVBB-Richtlinie 06/2009 „Sichtbeton - Geschalte Betonflächen"

10.3 Fachbücher

[3.1]   Schulz, Joachim: „Sichtbeton-Planung - Kommentar zur DIN 18217" Vieweg
            + Teubner, 3. Auflage, Wiesbaden 2006

[3.2]   Schulz, Joachim: „ Sichtbeton-Atlas" Vieweg + Teubner, 1. Auflage, Wiesba-
            den 2009

[3.3]   Schulz, Joachim: „ Handbuch Sichtbeton" Bewertung und Abnahme Verlag
            Bau + Technik, 1. Auflage 2010

[3.4]   Schulz, Joachim: „ Sichtbeton-Handbuch 2006", Verlag Bau + Technik

[3.5]   Schulz, Joachim: „ Sichtbeton-Handbuch 2007", Verlag Bau + Technik

[3.6]   Schulz, Joachim: „ Sichtbeton-Handbuch 2008", Verlag Bau + Technik

[3.7]   Schulz, Joachim: „Architektur der Bauschäden" Vieweg + Teubner, 1. Auf-
            lage, Wiesbaden 2006

[3.8]   Oswald, R. + Abel, R.: „Hinzunehmende Unregelmäßigkeiten bei Gebäuden", Vieweg + Teubner, 3. Auflage 2005

10.4 Fachaufsätze

[4.1]   Aurnhammer, H.-E.: „Zielbaummethode" Verfahren zur Bestimmung von Wertminderungen; Zeitschrift: BauR 1978, S. 356

[4.2]   Schulz, J.: „Sichtbetonliebe um jeden Preis" Baukammer Berlin 03/2006

[4.3]   Schulz, J.: „Sichtbeton-Spiegelbild der Schalung" Baukammer Berlin 03/2006 sowie Deutsches Architektenblatt 1/2006

[4.4]   Schulz, J.: „Sichtbeton Bewertung" Der Sachverständiger, Heft 7-8/2004

[4.5]   Schulz, J.: „Wie kann der Planer Qualität für Sichtbeton erreichen?" RIB Heft 06/06

[4.6]   Schulz, J.: „Vorgehensweise zur Sichtbeton-Bewertung" B+B Heft 05/2005

[4.7]   Schulz, J.: „Sichtbeton-Bewertung" TIEFBAU Heft 11/2007

[4.8]   Schulz, J.: „Sichtbeton als präzises Abbild der Schalungshaut" OPUS 12/2005

[4.9]   Schulz, J.: "Principi della valuatione della cal cestruzzo a vista" Betonwerk International

[4.10] Schulz, J.: "Basic principler of exposed contrete evaluation" Betonwerk International

[1.1]   Schulz, J.: "Sichtbeton – sich betonen in Struktur, Form und Originalität" Opus C, 1/2006

[4.11] Berliner Morgenpost, 6. Mai 2010: "Risse in den Stelen"

[4.12] Hoske, P.: "Objektive Beurteilung der Qualität von Sichtbetonoberflächen durch automatisierte Bildverarbeitung"

10.5 Fotos

Die Fotos stammen aus dem Archiv des Autors.

10.6 Links

Sachverständige IHK   www.svv.ihk.de

Sachverständige Baukammer   www.baukammer-berlin.de

Betoninstandsetzung   www.bgib.de/fachplaner_be.php

Verlag Bau + Technik   www.verlagbt.de

PRO Sichtbeton	www.pro-sichtbeton
Sichtbeton-Forum	www.sichtbeton-forum.de
Sichtbeton Atlas	www.sichtbeton-atlas.de
Sichtbeton Planung	www.sichtbeton-planung.de
Sichtbeton Mängel	www.sichtbeton-mängel.de
Handbuch Sichtbeton	www.sichtbeton-handbuch.de
Architektur der Bauschäden	www.architekturderbauschäden.de

Sachwortverzeichnis

C

D

T

If you have any concerns about our products,
you can contact us on
ProductSafety@springernature.com

In case Publisher is established outside the EU,
the EU authorized representative is:
Springer Nature Customer Service Center GmbH
Europaplatz 3, 69115 Heidelberg, Germany

Printed by Libri Plureos GmbH
in Hamburg, Germany